愿你想要的都拥有，得不到的都释怀

王永红 肖俊 著

中国华侨出版社
北京

图书在版编目（CIP）数据

愿你想要的都拥有，得不到的都释怀／王永红，肖俊著．—北京：中国华侨出版社，2018.10
ISBN 978-7-5113-7760-9

Ⅰ．①愿… Ⅱ．①王…②肖… Ⅲ．①人生哲学—通俗读物 Ⅳ．①B821-49

中国版本图书馆CIP数据核字（2018）205099

● 愿你想要的都拥有，得不到的都释怀

| 著　　者 / 王永红　肖　俊 |
| 责任编辑 / 高文喆　桑梦娟 |
| 封面设计 / 一个人 · 设计 |
| 经　　销 / 新华书店 |
| 开　　本 / 710毫米×1000毫米　1/16　印张 / 16　字数 / 210千字 |
| 印　　刷 / 北京溢漾印刷有限公司 |
| 版　　次 / 2018年10月第1版　2018年10月第1次印刷 |
| 书　　号 / ISBN 978-7-5113-7760-9 |
| 定　　价 / 39.80元 |

中国华侨出版社　北京市朝阳区静安里26号通成达大厦3层　邮编100028
法律顾问：陈鹰律师事务所
编辑部：（010）64443056　64443979
发行部：（010）64443051　传真：64439708
网　址：www.oveaschin.com
E-mail：oveaschin@sina.com

前言

没有人切实告诉我们如何生活,我们又总是被告知该如何生活。

在风尘仆仆的道路上,我们似乎没有太多选择,目标总在前方,仿佛一往无前就好,于是我们变得执迷,变得僵硬,有时完全没有了思考。

我们所谓的梦想,其实就是努力让自己拥有一个幸福的生活,我们一切努力的目的,其实是为了让自己获得幸福。

所以我们一直在路上,行走在寻找幸福的路上,我们也总是在问:"到底怎样才会幸福?"我们谈着幸福,聊着幸福,却不知道,该如何幸福。

幸福,其实就是突如其来的刹那领悟,与别人怎么说、怎么看无关,重要的是你心向阳,也就是说,幸福装在自己心里,握在自己手中。

幸福,就是把生活过成你想要的样子。无论生命处在哪一阶段,都真心喜欢那一段时光,完成那一阶段该完成的职责。当你对生活不满意时,努力而为,拼尽全力,不管经历怎样的挣扎与挑战,不胆怯、不悲凄,即便痛苦,但依然要保持快乐,并相信未来。

当努力到无能为力时，懂得释怀与放弃。放弃也是一种智慧，懂得放弃有时也能寻获另一种释然的快乐。人生有时就是如此，你不能背负全部你想要的东西走完人生。如果努力争取的东西与幸福无关，或者目前拥有的东西已成为负累，那么还不如放弃。把与内心无关的、纷乱的杂念和欲望舍弃，眼中只有你想要达成的目标，这样才容易成功。

总之，你可以没有大成就，但一定要有小幸福。让心中的正能量从悲观中脱颖而出，静下心来倾听那些来自内心深处的困惑、迷茫、焦虑，持以温和的情绪，试着与它们握手言和。别被任何环境安排你的生活，忠于内心，勇敢做梦，成为自己喜欢的模样。

当有一天，别人问起你，你最骄傲的是什么？

希望你可以站在那里，坚定而自豪地回答：我做着自己喜欢的事情，成为了自己喜欢的模样。

老天，给了每个人生命和一颗心，把命照看好，把心安顿好，人生即是圆满。

目 录

辑一　一无所有，却拥有一切

01　生活的理想，就是为了理想的生活

青春，不受年龄的管辖 / 2

别让生活把你搓成橡皮 / 5

你不行吗？谁说不行！/ 8

这辈子要活出个样子 / 10

想法不能决定活法 / 13

以欢喜心做不愿做的事 / 16

02　你想要的一切，都可以努力得来

不被看好是因为你没有希望 / 19

选一种姿态，让自己与众不同 / 22

机会无处不在，但你要有实力 / 24

命运永远垂青主动的人 / 29
当初不尽力，如今才会不如意 / 32
人生的财富，都是汗水泡出来的 / 35

03 这个世界，从没与你处处为敌

人生就是在奔赴中与痛苦抗争 / 38
苦难其实是生活的另一种恩赐 / 43
心态对了，你的世界就对了 / 47
缺陷对我们有意外帮助 / 50
别让情绪击败你 / 53
有点痛苦有时也是好事 / 57
幸福就是自身的感受 / 61

04 蜕变不需要自虐，只要发挥内在的力量

改变，从观念开始 / 63
做人是要有雄心的 / 67
逆袭是对轻视最好的反击 / 69
把自己想象为成功者 / 72
不可能？不，可能！ / 75
把自己的梦想交给自己 / 79

05 成功，拒绝低水平努力

最笨的努力是瞎忙 / 82
把精力花在对的地方 / 85

不是所有的坚持都有价值 / 89
不跟风，不盲从 / 93
不要眉毛胡子一把抓 / 97
别把自己"养在深闺里" / 100

06 你并没有太多时间给自己，尽管时间都是你的

两种没有时间的活法 / 104
别扔掉时间的"边角料" / 107
每一分钟都能与众不同 / 110
善用时间才能事半功倍 / 113
绝不让一分钟白白浪费 / 115
一切，都从今天开始 / 116

07 努力到无能为力，拼搏到竭尽全力

现在的舒适或是将来的不适 / 121
一分耕耘，一分收获 / 126
很多才华都埋没于懒惰 / 129
努力的配角亦能成为人生的主角 / 133
誓与磨难死拼到底 / 137
万箭穿心，也要活得光芒万丈 / 139

辑二 求之不得,便与心求和

08 每个人都是被天使咬过的苹果,不完美也很美

　　可以追求美,但别奢求完美 / 144
　　别用挑剔的眼光看生活 / 147
　　看得惯残破,也是一种历练 / 150
　　缺陷原本就是生命的一部分 / 153
　　有错过,才会有新的遇见 / 155
　　要什么完美爱情,幸福就行 / 157

09 生活仿佛是个柠檬,酸着酸着就甜了

　　人生,过的就是心情 / 161
　　过好每一天,就是过好一辈子 / 164
　　告诉伤害,我还好 / 168
　　让每一道伤口都变成拥有 / 171
　　在残酷面前常做快乐的想象 / 174
　　心中有希望,生活就有希望 / 176

10 你可以孤身一人，但不能乞求怜悯

没人懂你，没有关系 / 179
不要活在别人的标准里 / 182
依附是对生命最大的亵渎 / 185
向着背叛道声"谢谢" / 189
失去爱情，也要留下风度 / 193
放弃不值得爱的那个人 / 197

11 百年人生，不过一舍一得的重复

得失之间看开一点 / 200
该放下的就不要勉强 / 204
得不到的，未必好 / 207
做自己该做的选择 / 210
想清楚什么对你最重要 / 213

12 以出世的心怀，面对入世的诸事

别让别人干扰你的快乐 / 216
修炼好"不在意"的功夫 / 220
不争，也有属于你的世界 / 222
别让金钱颠覆你的灵魂 / 224
那些真实的，才是美好的 / 226

13 在世俗纷扰的世界里，做个逍遥自在的人

懂得放弃，才能重新开始 / 229

不要一味地追逐着远方 / 231

富贵于你应如浮云 / 234

始终保持心灵的富足与高贵 / 237

让你的世界简单一点 / 240

伟大不了，平淡又何妨 / 243

辑一
一无所有，却拥有一切

一无所有的人是有福的，因为他们有获得一切的可能。
人活得越曲折，活得越真实；
就怕你懒得振奋，还自诩平凡是真。
逆来顺受的人生不值得过；
所有的软弱，都是昂贵的。
所有的努力背后，都藏着一个心有不甘的人；
所有的跌宕背后，都有一颗向往美好的心。
无论这个世界好与坏，无论是公平还是不公平，
你都要为之奋斗！你努力，整个世界都会向你慢慢走来。

01 ▸▸
生活的理想，就是为了理想的生活

十年之前你做什么，一年前你做什么，甚至昨天你做什么，都不重要。重要的是，今天你在做什么，以及明天你将做什么。无论生活酸甜苦辣，你都应该成为最好的自己。

青春，不受年龄的管辖

如果你荒废了自己的年岁，那是挺可悲的。因为你的青春只能持续一点儿时间——很短的一点儿时间。每天不浪费或不虚度或不空抛的那一点点时间，即使只有五六分钟，如得正用，并持之以恒也一样可以有很大的成就。游手好闲惯了，就算有聪明才智，也很难有所作为。

我们的青春，不只是张扬的个性和时尚的衣裳，在青春的世界里，沙粒要变成珍珠，石头要化作黄金；青春的所有者，也不能总是在高山麓、溪水旁谈情话、看流云；青春的魅力，应当叫枯枝长出鲜果，沙漠生出森林；大胆的想望，不倦的思索，勇往直前的行进，这才是青春的美，青春的快乐，青春的本分！

青春就是要用来奋斗的，实在想不出，那些荒废青春的人，到了年老的时候，又有多少东西是值得回忆的，而他们又将如何追悔往昔。

二

俞敏洪对青春亦有着自己的解读，我们真应该好好看一看，品一品他对青春的解读：

"……重要的是培养你的气质，气质包含你的志向、梦想等。我们外在的青春总有逝去的时候，而内心的青春其实才是气质的重要组成部分。

"理想和激情，是让一个人永葆青春、保持奋斗热情最重要的源泉。如今徐小平、王强和我都已经过了50岁了，我们不可能像你们年轻人那样活蹦乱跳，那我们的青春体现在什么地方？体现在我们内心对青春的欣赏和追求，青春跟年龄没有关系。我们还不算老年人，我们每天都想着怎么创新，怎么跟上时代，怎么跟上移动互联网的发展，怎么去投资最有活力、最有创意的年轻人的公司，跟他们一起成长，然后继续给我们带来财富和希望。我们用挣到的钱继续为世界的进步做贡献。

"在这种情况下，我们怎么可能老去？我们有一个共同的特点是我们永远有理想和激情，而这些东西恰恰是我们这些人到今天还能保持奋斗热情的最重要的源泉。所以，对于我们来说，即使在最艰苦的时候，也能坚持自己的理想和激情。你30岁以前有外在的青春，30岁以后则要靠内心的青春和气质。30岁以后我们所有的青春、梦想、激情都集中体现在我们对事业、生活、未来以及对社会贡献的追求上。"

三

其实只要有心，谁的青春都可以不被辜负，他们可以，我们一样也行。俞敏洪还曾说过，不是十几岁二十几岁才叫青春，倘若心未老，心未死，那就是青春。青春不是年龄段，是想要更美好的心。

那么，现在不管你多少岁，不要再偷懒，也不要再抱怨时间年龄问题，你若真的不想辜负生命，就不要自作聪明找借口耽误自己。

今天，已经是你剩下的生命中最年轻的一天了，赶紧规划你的人生吧！无论你想要怎样的生活，无论是宁静平淡还是辉煌灿烂，起码不能无所事事任时光虚度吧。生命只有一次，在相差无几的时间里，体验更多你就能拥有更多。趁着时间与身体还允许，请珍惜自己上场的机会，未知的鲜活若是吸引你，那就去奋斗。

别让生活把你搓成橡皮

"折腾了这么多年,我已经很累了,不如当一天和尚撞一天钟吧。"

"上班这一天其实很短暂,电脑一开一关,一天过去了;电脑一关不开,合同到期了。"

以上这些话正高频率地出现在一个群体中。

曾一心想着做女金领、在公司内有"拼命三娘"之称的刘玫直到30岁才要孩子。怀孕期间她仍然坚持工作,甚至生孩子的当天还在公司忙活。然而,休完产假以后,她却变了一个人似的:每天来得最晚,走得最早,谈论的话题始终围绕着孩子。"到了我这个年龄,精力已经大不如前,工作和孩子只能顾一头,养育孩子对我来说是重中之重。所以,我现在的任务就是把孩子培养好,什么事业工作啊力不从心啦,得过且过吧。"刘玫说。

这样的人其实越来越多……

二

很多人，往往是随着成长而丧失勇气。

一旦上了年纪便开始瞻前顾后，考虑的越多，胆子就变得越小，于是学会了假装没看见、装作没听到，于是有些事情能过得去就不去争取，有些事情即便不愿意也会说可以，有些事情即便能够也不尽全力，人们把这称为成熟，甚至认为这就是成熟的代价，但在不经意间，我们竟变得越来越麻木，当我们察觉之时，心灵似乎已经停止生长了。

于是我们激情不再，没有神经，没有痛感，没有效率，没有反应。整个人就犹如橡皮一样，不接受任何新生事物和意见，对批评或表扬无所谓，没有耻辱感，也没有荣誉感。不论别人怎样拉扯，我们都可以逆来顺受，虽然活着，但活得没有一点脾气。

如果没有外力的挤压，我们就会懒懒地堆在那里，丝毫不肯折腾自己，一定要有人用力地拉着、扯着、管着、监督着，我们才能表现出那么一点张力，而一旦刺激消失，我们便又瞬间恢复了原样。

我们以往都是活在自己的世界里，绝缘、防水、不过电，浮不起，麻木冷漠故没有快乐，耗尽心力却不见成绩，人生，不但疲惫，更显悲摧。

这就是"橡皮人"，无处不在！

三

"橡皮人"，也曾激情四溢。

只是梦破、梦醒或梦圆了，回到现实，所以无梦；只是活得单调、乏味、自我，日复一日，所以无趣；又或伤痛太多、太重、太深，无以复加，反而无痛；也可能是生活艰难、困顿、委屈，心生怨愤，不再期冀；抑或是惨遭打压、排挤、欺诈，心有余悸，故而萎靡。

总之，那些外界的、个人的、主观的、客观的因素纠结在一起，共同制造了"橡皮人"。在这个社会上，他们俨然已经沦为打酱油的局外人，无梦、无痛、更无趣；职业枯竭、才智枯竭、动力枯竭、价值枯竭，最终情感也枯竭。

而"橡皮人"如何才能从病恙中解脱出来呢？我们还是要自救！

诚然，世俗生活有时的确让我们感到无可奈何，无能为力，但这并不意味着我们就只能变得更加无为和消极。

给大家三点建议：

1. 重新设定你的人生目标，学会调整心态，以现在为起点，向着心中的目标走过去。

2. 重新认识你自己，积极把握机会，去挖掘自己的优势和潜力。

3. 认清现状后，尝试改变和创新，寻找新的方向和位置。

其实人的生命是这样的——你将它闲置，它就会越发懒散，巴不得永远安闲无事才好；你使劲儿折腾它，它就不会消极怠工，即使你将它调动至极限，它亦不会拒绝；尤其是在你将人生目标放在它面前时，不必你去提醒，它便会极力地去追逐奋斗。所以，如果要活得有活力、有意义一些，那么无论如何请记住，永远别让心中的美梦间断，要将自己的生命力激发到极限，而不是刚刚成年，便已一副饱经沧桑的心态，如橡皮一般被生活消耗。

你不行吗？谁说不行！

一

人们总是艳羡于成功者所取得的成就，其实他们每天并不比谁多拥有一分钟时间，为什么他们就能在同样的时间内，创造出大多数人只能羡慕的成就呢？问题的根本就在于思想上的差别。

很多人之所以仍在为了衣食住行发愁，仍旧因为拿不出像样的彩礼惨遭抛弃，关键就在于这些人总是觉得"自己不行"，这种心态会让人将主观性的"心理界限"当成是无能为力的"生理界限"，于是干劲儿和斗志丧失殆尽，也就真的不行了。

二

其实从人的心理上讲，没有人甘于平庸，只是极少有人愿意打破平庸。我们身边的人可能都在说，自己将来要怎样怎样，都说自己不想一直像现在这样生活，但若干年后，绝大多数人还是平庸者。究其根由，尽管他们不甘于平庸，却从来不愿意做出不平庸的举动！

还记得那个放羊娃的故事吗？

辑一　一无所有，却拥有一切

有一位记者，到一个山区去采访，因为一时间找不到好的题材，于是就在山里转来转去，一面寻找好的题材，一面欣赏着山里的风景，这时他经过山里的一片草地，在那片草地，看到了一个非常可爱的小男孩，放着一群羊，结果这位记者就走了过去，打趣地和小孩说起话来：

"小朋友，你在做什么啊？"

"你没有看见吗，我在放羊。"小孩回答。

记者接着问："为什么要放羊？"

小孩又回答说："放羊为了赚钱！"

记者又问："为什么要赚钱呢？"

"赚了钱，可以娶老婆！"小孩认真地回答道。

记者觉得这小孩挺有趣，又问道："为什么要娶老婆呢？"

小孩回答说："娶了老婆，就可以生儿子！"

记者越问越觉得这小孩可爱："为什么要生儿子呢？"

小孩有点不耐烦了，回答道："生了儿子当然是放羊啦！"

可能大多数人都只把它当成一个笑话来看，但事实上，大多数人的生活与此何其相似：

上学干吗？找好工作；找好工作干吗？有了好工作可以找个更好的另一半；有了更好的另一半干吗？生孩子；生了孩子干吗？为他提供一个良好的受教育环境……我们经常甘于平庸，这虽然不是失败，但却比失败更严重。失败了至少还能引起反思，去努力改进，重新追求成功，而一旦选择了平庸，人生的层次就无法再提高了。

三

无论是为了我们自己还是为了我们的后辈，从现在开始，必须要试着去打破平庸。你不要说："我没那能力""我没那条件"……这样的话，很多人就是因为对自我的状况十分不看好，才注定了生活无法改变。平庸是天生的吗？显然不是，你要摆脱平庸，那么就要在心理上认可自己，从自我的意识中拒绝平庸，并用实际行动来满足自我的追求和需要。

人这一生，既有很多的不确定，也有很多的可能性。你不行吗？谁说不行！

这辈子要活出个样子

一

有些人活着，他已经死了，有些人死了，他还活着，生命的意义不在于你在这个世界上停留多久，而是要看你在有限的时间内为这个世界、为自己创造了多少价值。

俞敏洪亦说过，我们活着，可以有两种活法：一种活法像草，尽管活着，尽管每年还在成长，但毕竟就是棵草，吸收了阳光雨露，却一直长不大。谁都可以踩你，但他们不会因为你的痛苦而产生痛苦；他们不会因为你被踩而怜悯你，因为人们本身就没有看到你；另一种活法像树，即便我们现在什么都不是，但只要你有树的种子，即使你被踩到泥土中，你依然能够吸收泥土的养分，自己成长起来。当你长成参天大树以后，遥远的地方，人们就能看到你；走近你，你能给人一片绿色。

动画片里，熊大说，熊就要有个熊样！人也要有个人样，既然活着就得活出个样子，活出属于自己的风景。人，可以被剥夺很多东西，甚至是生命，但谁也不能剥夺你的尊严，更无法剥夺你的自由——不管在什么情况下，你都可以选择自己的态度和方式。

谭盾当年远赴哥伦比亚求学时，境况很不好过，他那时真的很穷。来到异国他乡，为了生存下去，谭盾只能靠卖艺求生计。在那个时候，他结识了一位琴师，两个人同心协力占据一块地盘——一家商业银行的门口。

赚到一些钱以后，谭盾决定投向自己向往已久的艺术殿堂——哥伦比亚大学。在这里，他师从大卫·多夫斯基以及周文中先生，潜心学习音乐。身在学府，当然不能像街头时那样卖艺赚钱，谭盾的生活逐渐拮据起来。然而，他再也没有回到市井之中，因为他的心已经超越了物质，融入了艺术。

后来，在师友的帮助下，谭盾在美国成功举办了个人作品音乐会，成为第一位在美国举办个人音乐会的中国音乐家；第二年，他以一曲《九歌》闯入国际音乐殿堂，并不断推陈出新，凭借令人赞叹的音乐作品，逐步奠定了自己"国际著名作曲家"的地位。

谭盾成名以后，一次，他偶然路过自己曾经卖艺的地方，竟发现那位琴师依然还在！转眼间十年了，琴师的脸上还是写满了满足。谭盾走上前去和他交谈起来，琴师问起谭盾现在的工作地点，他简单回答了一家非常有名的音乐厅，没想到对方却说："那个地方也不错，能赚到不少钱。"琴师怎么会知道，如今的谭盾早已成了享誉全球的大作曲家。

你内在的动力，决定你生命的成色。琴师之所以一直没能改变生活的境况，就是因为他和那些懒惰闲散的人、好逸恶劳的人、平庸无奇的人一样，缺乏内在的动力。

三

我们的人生应该像河流一样，虽然生命曲线各不相同，但每一条河流都有自己的梦想——那就是奔腾入海。只是很多人不做河流，反而去做那泥沙，让自己慢慢地沉淀下去。是的，沉淀下去，或许你就不用再为前进而努力了，但是从此以后你却再也不见天日。

所以不论你现在的生命是怎样，你一定要活出自我，要有水的精神，像水一样不断地积蓄自己的力量，不断地冲破障碍。机遇不到时，就把自己的厚度给积累起来，当有一天机遇到来，你就能够奔腾入海，成就自己的生命。

想法不能决定活法

很多人都相信心想事成,但心想未必事成。

好点子花钱能买,最初的想法亦只是一连串行动的起步,接下来需要第二阶段的准备、计划和第三阶段的行动。在我们这个世界上,从来不缺少有想法的人,但懂得成功地将一个好主意付诸实现的人,却很少。

世界上牵引力最大的火车头停在铁轨上,为了防止它滑车,铁路工人只需在8个驱动轮前各塞一块一英寸见方的小木块,这个"大家伙"就会乖乖地原地待命。然而,一旦它开始启动,世界上就很少有东西能够阻挡它了。当它的时速达到100英里/小时时,即使是一堵5英尺厚的钢筋水泥墙,也会被它在瞬息之间撞穿。

从被几个小木块卡住到轻松撞穿一堵钢筋水泥墙,火车头何以变得如此威力无穷?因为它开动了起来。

其实,人也能够迸发出无比巨大的威力,许多看似厚重的障碍也能够轻松突破,但前提是:你必须让自己启动起来,否则,如果只是虚空想象,就会像停在铁轨上的火车头,连些许小木块也无法推开。

二

　　人好像一只表，以行动来定其价值。做一件事情，只要开始行动，就算获得了一半的成功。如果没有行动，还谈什么结果？

　　有一位满脑子致富经的教授与一位卖鱼的小贩比邻而居，尽管两人的知识水平、性格有天壤之别，可两人有一个共同的目标：尽快富裕起来。每天，教授跷着二郎腿大谈特谈他的致富经，卖鱼的小贩就在一旁虔诚地听着教授说："只要给我一个机会，我就能成功！"小贩非常佩服教授的学识与智慧，并且开始依照教授的致富设想去做。若干年后，小贩成了百万富翁，而教授还在家里等着致富的机会。

　　这位教授可能有100种致富方法，但他却很难成为真正的富翁，因为他习惯了消极等待，缺少行动精神。消极等待的习惯除了磨去我们的锐气，让我们一事无成外，没有任何好处，所以决不能让这种恶习控制了我们，应该随时提醒自己：一切的一切毫无意义——除非我们付诸行动。

三

　　电影《刘三姐》中唱道："竹子当收你不收，笋子当留你不留，绣球当捡你不捡，空留两手捡忧愁。"行动便有拥有的可能，等待便一无所有。

　　瑶瑶的父亲是有名的整形外科医生，母亲在一所声誉很高的大学做教授。

瑶瑶从念大学的时候起，就一直梦寐以求地想当电视节目的主持人。她觉得自己具有这方面的才干，因为每当她和别人相处时，即使是陌生人也都愿意亲近她并和她长谈。她的朋友们称她是他们的"亲密的随身精神医生"。

她自己常说："只要有人愿意给我一次上电视的机会，我相信我一定能成功。"

她在等待奇迹出现，希望一下子就当上电视节目的主持人。这种奇迹当然永远也不会到来。因为在她等奇迹到来的时候，奇迹正与她擦肩而过。

我们不能不为瑶瑶感到惋惜，如果不是一味空想，盲目等待，她很有可能获得成功的。

故事还没完，瑶瑶有个同班同学杨蕾也非常喜欢主持人工作，不过说实话，她的条件要比瑶瑶差多了，没有瑶瑶漂亮，也没有瑶瑶会说话，但她却是个敢想敢干的姑娘，"想到了就要去争取"，是她的口头禅。大学毕业后，她白天在公司工作，晚上就去上播音主持的培训课，有机会就向各电视台投简历，结果3年后，杨蕾成了当地一个颇受欢迎的节目主持人。

两个怀着相同梦想的女孩，最终却得到了两个不同的结局，一个成功，一个失败。之所以会产生这种结果，就是由于一个习惯消极等待，而另一个却习惯主动出击。空想和盲目等待是毫无意义的，如果你希望实现梦想，那就要努力去争取，只是坐在家里等待有用吗？不行动是无法成功的。

以欢喜心做不愿做的事

从不出色到很出色至关重要的一步，就是离开自己的舒适区，尝试做一些你不想做、不愿做的事情。乍一看，这似乎不合逻辑，甚至有点傻气，但当你能够真正领悟时，你会明白它对你有多么重要。

李莉读中学的时候，就觉得自己必须得写点什么，她时常感到自己看到东西老憋在心里，十分难受。

可每次坐在电脑前，又不知如何开头，有时甚至连标题都想不出。就这样过了很多年，终于有一天，这种困惑她的局面发生了改变。那是她回家乡遇到一个同学之后，那个同学，高考落榜以后兑了个摊位卖服装，现在，她是一家服装公司的老板。吃晚饭的时候，她说："这些年，我失败了许多次，但每次都强迫自己继续下去。"她抿了一口红酒，感慨地环视了一下华美的餐厅，"这一切都是强迫自己的结果。"她说。

强迫自己！李莉突然明白了，自己并不缺少自信和想法，缺的是强迫自己干下去的劲头。从此，她强迫自己静心坐下来，强迫自己耐心写下去，强迫自己坦然接受失败。现在，她成了一名小有名气的作家。

二

人，被人强迫不舒服，己所不欲施予人亦是不仁，但人强迫自己去做一些应做必做、对生命有益的事情，却是应该的。

就像收拾屋子、洗碗拖地这类简单但烦琐的事情，一般人都不愿意做。可是，难道就看着又脏又乱的屋子无动于衷？面对自己不愿做的事情，人们很难提起行动的兴趣。可有些事情你尽管讨厌，还是得去做，有时候还不得不去做。

所以你必须学会面对这类事情的方法：遇到自己不愿意做又需要做的事情，在讨厌情绪泛滥之前，立即行动解决它。否则，你越拖延，厌恶感越强，做起来越烦躁。比如你讨厌洗碗，在吃完饭后就别休息，马上起身把碗洗掉。立即行动既省事又省心。

三

其实，人是最喜欢轻松的动物，所以但凡能偷懒的事情，人们的第一反应都是不愿意去行动。然而所有梦想与幸福，可以说无不包括自律，而且自律能力越韧越强，效果就越佳越好。

人不逼逼自己，根本不知道自己有多强。

6岁孩童一口气背出圆周率后72位数；八旬老太跳皮影舞，大力士用牙齿拉动卡车……无数事实表明，人体的许多潜能一直深埋着，生命的许多未知，尚未被唤醒。那些在舞台上表演超常技艺的人，都有过役躯迫范的经历，都走过强迫自己的路。不强迫自己，谁能练就那样绝世的好才艺？

蹒跚学步的孩子，走几步就嫌累，让人抱，懒得走。这个时候，做爸妈的都知道，要强迫或是诱惑强迫他继续走，"宝宝，走到妈妈这里来，妈妈手里有糖。"哪怕孩子坐在地上撒泼苦恼，也鲜有父母会纵容，因为不这样，孩子就学不会走，因为父母都知道，孩子长大以后，一生的路都要靠自己去走。

四

人，总要强迫自己做不愿意做的事情，从而使自己成长，使自己愈发强大。

所有属于人和社会新的、文明的、进步的规范确立，都需要强迫。

有人问星云大师："怎么才能最终去做自己喜欢的事情？"

他说："从做不喜欢的事情开始。"他接着说："我不喜欢出名，但近20年来，我颇受盛名所累；另外我不喜欢理财，但又必须为佛教的建设而运筹帷幄、周转募款；我不喜欢计较，但我不能英雄苟且、积非成是；我也不喜欢权力，但我又必须为了正义而去主持公道。"

其实他的领悟来自于他的师父，他说："师父告诉我，以欢喜心做不喜欢的事。"他在回首人生经历时是这样说的："悠悠岁月，我就这样过的人生，学着做自己不喜欢做的事情，同时也学着和不喜欢自己的人相处。"

一个人在什么情况下会感觉这一生过得很幸福？——做自己喜欢做的事。但这不是说抛弃一切，随心所欲，想做什么就做什么。这是一种需要通过努力才能创造的境界，你必须从做自己不喜欢的事开始，积累资历与经验，才有机会成就自己，最后，你才能达到从心所欲的境界。

02 ▶

你想要的一切，都可以努力得来

> 你想什么，你就会吸引什么；你聚焦什么，你就会获得相应的人生。没有一颗心会因为追求梦想而伤痕累累，当你真心想要某样东西并竭尽全力努力争取时，整个世界都会为你保驾护航。

不被看好是因为你没有希望

让人失望的不是你糟糕的现状，而是在你身上看不到希望。

你可能觉得别人都对不起你，因为他们轻视你、远离你，没人帮助你，你甚至觉得人情薄凉，备感心寒和失望。其实，世界并没有对你怎样，只是你自己看不起自己而已。

英国某报纸刊登了一张查尔斯王子与一位流浪汉的合影。这个面容憔悴、神志萎靡的流浪汉不是别人，他是查尔斯王子曾经的校友克鲁伯·哈鲁多。

在一个寒冷的冬天,查尔斯王子拜访伦敦的穷人时,这个流浪汉突然说道:"王子,我们曾经在同一所学校读书。""那是什么时候?"查尔斯王子反问道。流浪汉回答:"在山丘小屋的高等小学,我们还曾经互相取笑彼此的大耳朵呢!"

原来,这个名叫克鲁伯·哈鲁多的流浪汉曾经有个显赫的家世,他的祖辈、父辈都是英国知名的金融家,他年幼时的确与查尔斯王子就读于同一所贵族学校。后来,他成了一名声誉不错的作家,并加入了英国成功者俱乐部。直到这个时候,应该说克鲁伯·哈鲁多都是让很多人羡慕的成功者。那么他为何会落魄到今天这个境地?

原因很简单,在两度遭遇婚姻失败后,克鲁伯开始酗酒,最后由一名作家变成了流浪汉。但事实上,克鲁伯是被失败的婚姻打败的吗?显然不是,打败他的俨然是他的心态,从他放弃积极正面心态的那一刻起,他就已经输掉了自己的一生。

二

对于生命来说,最糟糕的不是贫困,不是厄运,而是精神和心态处于一种毫无激情的、消极的疲惫状态。一个人如果心地善良,做人真诚,心态好,不管其现状如何,他的未来终究是充满希望的。

卢薇家小区附近有个卖菜的小伙子,不高不帅但很干净,也挺壮实,脸上总是带着和善的微笑。那天,卢薇和朋友路过这里,朋友突然无厘头地来了一句:"你说,这样的男孩能找到女朋友吗?"卢薇微微一愣,望着小伙子看过来的目光,尴尬地说:"会吧。"朋友笑了,说:"你过于天真了,有谁家的姑娘会看上一个卖菜的穷小子呢?"卢薇笑了一下,没再说什么。

后来没过多久,卢薇回家乡过年。等再回来的时候,寒冷的冬天还未过去。小伙子比其他卖菜的来得都早,这个时候可以较平时多挣一点。他依旧是那身打扮,厚厚的大衣,厚厚的围巾,两只厚厚的旧手套。只不过,他的身边多了一个姑娘。姑娘和小伙子年纪相仿,不高不矮,不胖不瘦,清秀的脸蛋不施脂粉,朴素,俊俏。她的小脸冻得通红,却不忘将自己的手贴在小伙子脸上为他取暖。

卢薇突然想到那天朋友说的话,莫名地就被触动了。从不做饭的她破天荒地来到菜摊前。姑娘笑眯眯地看向卢薇,问她:"美女,想买点什么菜呀?"卢薇还以一笑,看了看,将一捆新鲜的芹菜拿起。姑娘麻利地给卢薇称量、找钱,末了还不忘说一句:"欢迎常来。"

卢薇提着芹菜还没走远,身后就传来姑娘清脆的欢笑声:"是不是我今天卖得比你多,你就奖励我一个汉堡啊……"

就像在爱情中一样,你真正孤单的原因并不是你家穷人丑,也不是女孩有多么物质,而是你的消极与不求上进。别人对你的失望并不是因为你没钱,而是在你身上看不到希望。择其优者而从之,人都有这种趋向,谁愿意整天和怨天尤人的悲观厌世者在一起呢?

三

如果蜷缩在生活的角落里,那么世界必然一片漆黑;如果能够改变心态,那么世界也会随之改变。只是人们在遭遇人生低谷之时,总是习惯性地向现实妥协,嘴里絮絮叨叨地埋怨着命运,念叨着"命运是多么残酷""人世是何等淡泊""穷途末路却无人扶助"等——那些欲博同情却只能换来鄙夷的无病呻吟,而我们却一直没有意识到,并不是这个世界放弃了谁,事实上只有我们自己才有放弃自己的权利。你的心态萎了,你的人生也就萎了。

归根结底,你情况糟糕,不是因为父母没有尽心培养你,不是因为社会没有给你机遇,而是因为你不知进取,让自己毁于消极的心态。

选一种姿态,让自己与众不同

一

小区门外有个卖油条的,颇有一手绝活,一个人就能将油条摊子打理得井井有条,他的生意出奇地好。只见,他飞快地将炸得香脆的油条包好、找零,中间还能腾出工夫让新油条下锅或翻动锅里的油条。做着这些的同时他还能从容不迫地与顾客说笑,令人不禁感叹他的手艺真到家,要不这个黄金地段,除了他,别人怎么就维持不下去呢?

想要比别人更有吸引力,你就要有与众不同的魅力。

辑一　一无所有，却拥有一切

二

雅儿曾给一位作家当过助手，替他拆阅、分类信件，薪水与相关工作的人相同。有一天，这位作家口述了一句格言，要求她记录下来："请记住：你唯一的限制就是你自己脑海中所设立的那个限制。"

她将打好的文档交给老板，并且有所感悟地说："您的格言令我深受启发，对我的人生大有价值。"

这件事并未引起作家的注意，但是却在雅儿心中打上了深深的烙印。从那天起，她开始在晚饭后回到办公室继续工作，不计报酬地干一些并非自己分内的工作——譬如替老板给读者回信。

她认真研究作家的语言风格，以至这些回信和自己老板一样好，有时甚至更好。她一直坚持这样做，并不在意老板是否注意到自己的努力。后来，作家的秘书因故辞职，在挑选合适人选时，老板自然而然地想到了她。

雅儿的付出与努力，正是她获得提升最重要的原因。当下班铃声响起后，她依然坚守在自己的岗位上，在没有任何报酬承诺的情况下，依然刻苦训练，最终使自己有资格接受更高的职位。

三

故事并没有结束。雅儿能力如此优秀，引起了更多人的关注，其他公司纷纷提供更好的职位邀请她加盟。为了挽留她，作家多次提高她的薪水，与最初当一名普通速记员时相比，已经高出了5倍，对此，做老板的也无可奈何，因为她不断提升自我价值，使自己变得不可替代了。

雅儿的事情告诉我们，你要的比别人多，就必须付出得比别人多。事实上，大多数人智力上相差不大，成功拼得不是智力，而是努力和坚持，做一件事，只要你足够努力，付出足够的汗水，就能超越你的竞争对手，或者是在同一件事上坚持更长时间，做足够多的努力，都会使你脱颖而出。

很多时候，我们只是羡慕他人的成功，却没有看到他人的付出。成功是一种结果，是台上的一分钟展现，是台下十年功的积累。成功者光鲜的背后，多少都有些许不为人知的心酸。美好的结果，需要持续的努力和坚持，这就是成功的本质。

机会无处不在，但你要有实力

总有人抱怨自己才华被埋没，其实这怨不得别人。

世上并没有什么怀才不遇。怀才不遇，大多是自己造成的，要么是自己怀的才不够，要么是机遇就在跟前而自己却不懂得把握。

所以，如果你觉得自己怀才不遇，首先要客观公正地分析自己的实力，认清自己，努力提升自己，然后机遇自会出现。

胖哥一度很不满意自己的工作，他愤愤地对朋友说："我老板一点也不把我放在眼里，我在他那里得不到重视。改天我要对他拍桌子，然后辞职。"

"你对于你们公司完全清楚了吗？对于他们做国际贸易的窍门完全搞通了吗？"朋友反问。

"没有！"

"君子报仇，十年不晚。我建议你先好好地把他们的一切贸易技巧、商业文书和公司组织完全搞通，甚至连怎么排除影印机的小故障都学会，然后再辞职不干。"朋友建议，"你什么东西都通了之后，再一走了之，不是既出了气，又有许多收获吗？"

胖哥听了建议，从此便默记偷学，甚至下班之后，还留在办公室研究写商业文书的方法……

一年之后，朋友问他："你现在大概多半都学会了，可以准备拍桌子不干了嘛！"

"可是我发现近半年来，老板对我刮目相看，最近更是委以重任，又升官，又加薪，我已经成为公司的红人了！"

"这是我早就料到的！"朋友笑着说，"当初你的老板不重视你，是因为你的能力不足，却又不努力学习；而后你痛下苦功，担当重任，当然会令他对你刮目相看。只知抱怨，却不反省自己的能力，这是人们常犯的毛病啊！"

只有珍珠才能自然且轻松地把自己和普通石头区别开来。你要得到重视，必须要有出类拔萃的才能才行，这样你才不会与机遇擦肩而过。

二

　　其实机会一直都有，但机会属于能把握的人，再大的机会如果你没有足够能力把握，还是等于没有机会，甚至浪费时间还碰得头破血流，所以把握机会的实力最重要，有实力还可以创造机会，实力来自于哪里？就是平时的勤奋积累以及不断地学习。

　　郭静和方媛是同寝密友，大学毕业后一起开始了艰难的求职旅程，然而她们被拒绝得简直要怀疑人生了。终于，郭静坐不住了，她决定改变战术，主动出击，她先是到网络上下载了许多关于求职窍门的资料，细心解读后，先理了一个老少皆宜的发型，然后又买了一套职业装，还买回了大包的口香糖。

　　回音依旧不断传来，郭静又像赶场似的去面试。然而结局还是跟之前一样。

　　屡战屡败的郭静翻着邮箱里所剩无几的面试通知书，心中好不凄凉。其中有一张通知是一家化妆品公司发来的，这无意间提醒了她，家里的洗涤用品该买了。

　　在商场里，郭静看到了那家公司的产品，不知来了灵感还是怎么回事，郭静似乎突然明白该怎么做了。

　　她在商场泡了一整天，观察有多少顾客光顾化妆品柜台，有多少人买了这家公司的产品。她小心翼翼地赔着笑脸，向售货员小姐询问有关化妆品的事情，得到了不少"情报"。

　　两天后的面试，郭静又是嚼着口香糖去的，但这次她的口里说出不少关于化妆品市场的分析。

主持面试的那家公司的副总,是特地从上海赶来北京的,听完了郭静的讲述,率直地说:"郭小姐,对不起!您刚才讲的有很多错……"

"哦!请您,请您再给我一次机会。"郭静带着期望的眼神看着面前的副总。

"郭小姐,听我把话说完,尽管你讲的很多情况是错的,但你是所有应聘者中唯一肯花时间到商店去看我们产品的人。我看你是一个很用心的女孩儿,这样吧,你明天来上班吧!"

一切是这么艰难,艰难是因为自己以前没有好好准备;一切又是这么简单,简单是因为自己现在有了准备的头脑;一切是这么偶然,一切又是这么必然。就这样,郭静上班了。几年后,她凭借自己凡事多准备、多用心的好习惯,把握住了一次次的机会,终于坐上了营销总监的位置。而方媛却不知反思,因诸多挫折而愈发一蹶不振。

三

机遇不仅要能把握,更要能创造。

英国红极一时的电视女明星约翰娜在成名之前,只能在电视剧中饰演小配角。尽管她当时已然演技娴熟,具备了较好的艺术修养,但与很多"跑龙套"的演员一样,一直与主角无缘。对于此,多数人心灰意冷,纷纷退出了演出舞台。然而,约翰娜在坚持,她相信终有一天自己能够成为主角,她一直在寻找各种的机会。但是,机会怎么可能自己送上门来呢?于是,约翰娜分外珍惜自己所饰演的每一个小角色,哪怕只有一句台词或一次出镜的机会,她都不会有一丝倦怠,因为她坚信，机会无处不在。

后来，为了给自己创造机会，约翰娜便进行了大胆的"冒险"——每拍摄完一部电视剧，她一定会争取和主角拍照的机会。然后，她将这些照片印成剧照，注明片名、演播日期，并用大字重点标明自己所扮演的某某角色。

再后来，当约翰娜听说某电影公司将摄制一部新片时，便毛遂自荐，将这些剧照寄给物色演员的制片人。制片人看到她为那么多名演员配过戏，在那么多电视剧中担任过角色，从而认定她应该是个优秀的演员。就这样，约翰娜终于为自己争取到了成为主角的机会。

那些成功者从不等待机会的到来，而是寻找并抓住机会，把握机会。

四

其实，机遇的产生也有内在规律。如果你有足够的勇气，勤于思考的脑袋，敏锐的观察力、判断力，机遇也是可以被"创造"出来的。人们不仅要善于抓住机遇，更要学会创造机遇。

所以，不要再感叹自己英雄无用武之地，用武之地需要你自己去找。人生如戏，处处都有舞台，是演主角还是配角，是跑龙套还是躲在幕后，关键还是看你自己想扮演什么角色。

如果说，你具备了一定的实力，并兼备把握机会的能力，又有创造机会的魔力，机会想不被你吸引来都难。

命运永远垂青主动的人

在我们的世界里，有着不少的成功者，也有着更多的失败者。你若认为这是命运使然，那真的错了。机会对很多人都是均等的，所以命运对每个人亦是公平的。但如果有一个人，他能很好地抓住机会，发挥自己的才能，他就有可能成功，慢慢的一次两次三次四次，也就变成了普通人眼中的所谓的命运。

无论如何我们必须承认，比你成功的人比你更善于创造机会，把握机会，并为自己的成功道路主动地规划好每一步。而你，欠缺的往往正是这一点。

事实上，你要主动追求机会，别让机会追着你甚至你还视而不见。

张艺谋年轻时，被迫离开了熟悉的学校，离开了熟悉的家庭，来到了广阔无垠的农村。除了劳动，他最大的乐趣就是写字、作画、饿着肚皮饱览河山。回城以后，工厂不愿意接收他，后来还是凭借"体格强壮"和"会打篮球"这两项优势，才被咸阳国棉八厂破格招用。

在这里，他第一次接触到摄影，并一发不可收拾地迷上了摄影。每个月只有30元工资的他每天啃干馍吃咸菜不坐车，一分钱一分钱地省，最后终于买回来一台海鸥相机。国家恢复高考以后，张艺谋带着自己的60幅摄影作品来到北影西安考场，老师们忍不住赞叹"从没见过摄影功底这么好的学生"，然而，他超出录取规定的年龄6岁，机会的大门好像就快要敞开时，又突然关上了！

张艺谋的心一下子从春天又进入到了冬天……但他并没有绝望，他给当时的文化部长黄镇先生写了一封信，并附上自己的作品……他为自己的人生赢得了转机，而后来他的成就亦是有目共睹的。

这么多年，优秀的导演和作品层出不穷，但张艺谋始终拥有施展才华的机会，用他的话说，秘诀就两个字：主动！

很多人经常抱怨自己没有成功的机会，或者将别人的成功归结为"命好"，他们只看到了他人成功时的光鲜，却没有看到他们昔日所付出的努力。实际上，成功者的机会和所谓好命，靠的是自己的主动争取。

三

有时候，我们会为一个人或者一件事情而遗憾终生；有时候，我们会为了某个目标而等待一生。其实，你当初完全可以使事情朝着另外一个方向发展，只要主动地迎上去、主动地做事情、主动地想问题，这样，才有可能把握自己的人生走向。

亨利和约瑟夫是从小一起长大的朋友，他们的家在安锡小镇。约

辑一　一无所有，却拥有一切

瑟夫胆大心细，敢作敢为；而亨利不爱表现，办事有点缩手缩脚。两个人都顺利地进入了伦敦的大学，而且是同一所大学的同一个专业。

这天，亨利感到身体有些不舒服，约瑟夫就陪他去医院。在前往医院的路上，亨利突然发现一个非常熟悉的面孔，他连忙拉住约瑟夫，低声说："约瑟夫，你快看，那是总理。"

此时，二人与总理之间的距离大概 50 米左右，总理正和几位官员及记者一边走路一边探讨着什么。片刻之后，总理一行人走到了他们身边，亨利和约瑟夫有点不知所措，亨利更是有些害怕地低下了头。总理来到亨利面前，看了看亨利，然后目光落在亨利胸前的校徽上，说："这是一所不错的学校！"这时的亨利，不知是激动还是害羞，竟然傻乎乎地看着总理，一句话也说不出来。约瑟夫却上前一步，注视着总理，说道："总理先生，您好。"总理亲切地将手放在约瑟夫的肩上，鼓励道："年轻人，要善于学习，敢于突破，国家的未来是你们的！"

第二天，多家媒体的头条刊登的都是总理与约瑟夫在一起的照片，许多传媒对约瑟夫进行了专题采访。朝夕之间，约瑟夫成了名人，学校也把总理与约瑟夫的照片作为一种荣誉收藏到了档案馆里。这时，很多同学惋惜地对亨利说："亨利，你错过了一个非常好的机会，太遗憾了，但你可以补救的。你应该立刻拿起笔，将你见到总理的情形写出来，送到报社去发表。"亨利觉得校友的话很有道理，可拿起笔又不知道该写什么，因为自己从始至终没有和总理说过一句话，这件事慢慢就被搁置了下来。

约瑟夫大学毕业以后非常顺利地找到了一份相当不错的工作，而且他有胆有识又愿意努力，没过几年就进入了公司的管理层，生活过得非常惬意。另一边，亨利毕业以后回到了小镇，艰苦的工作之余，亨利常常会想，如果自己当年向前跨出那一小步，如今的生活是不是会向前跨越一大步呢？

　　无论做什么事，都要积极主动，努力争取。有了这种主动行动的心态，才会使我们成为一个挑战者，愿意主动尝试新行为，愿意主动接触陌生人，愿意主动做陌生的事，愿意主动探索未知的领域。这样，我们就不会过于留恋过去，亦不会让知足与惰性主导我们的行为与人生。

当初不尽力，如今才会不如意

　　叶子黄了，有再绿的时候；花儿谢了，有再开的时候；鸟儿飞走了，有再飞回来的时候；而生命停止了，却无法再挽回。时间的流逝永不停止，它一步一程，永不回头。时间，它是人们生命中的匆匆过客，往往在我们不知不觉中，便悄然而去，不留下一丝痕迹。人们常常在它逝去以后，才渐渐发觉，留给自己的时间已经所剩无几。也正是如此，才有了古人一声叹息：少壮不努力，老大徒伤悲。

少壮不努力，老大徒悲！——也许今天尚且年少的你，还不能深切体会其中的道理。当有一天，你因为年少时的懒惰而四处碰壁，你自然就会摇头叹息、追悔莫及，然而，到那个时候就太晚了，因为已经失去了难得的机会。

二

燕儿最近很难过，觉得好多不顺心的事儿都凑到了一起。

找工作时，面试官要求英文面试，自己口语向来不佳，毫无意外地被淘汰出局。自己的男友居然看上了一个身材火辣的女生，弃她而去。而自己的好姐妹们，最近好久都没联系了，对自己的态度也是冷冰冰的。

燕儿觉得自己做人失败极了。她开始认真地反省。这才发现：当年学习英语羞于开口，考试不必考口语，因此也没有多认真去练习这一块，考上大学后，更是觉得这一块可以放松了，不必理会，就是这样的心态让自己与喜欢的工作失之交臂；对于男友，自己也是抱着"反正有人要"的心态，懒得去打扮自己，也不愿意下决心减肥，时日一长，把自己弄得一团糟；那些姐妹们，自己有多久没有尝试着去融入她们了？因为她们总是追求一些新潮的东西，她们都在与时俱进，而自己嫌麻烦无趣，浪费精力，因此很少加入其中，逐渐成为边缘人也是理所当然。

这样的无奈生活中时常遇到，就像燕儿那样，上学时觉得英文难，不愿努力去学，到二十几岁遇到一个待遇很好但要求精通英文的工作，也只能眼睁睁地与它失之交臂；小时候觉得学游泳难，放弃学习的机会，到20岁遇到一个你喜欢的人约你去游泳，也只能望洋兴叹了……很多时候，这样的无奈只是生活中的一个小插曲，并未引起我们的思考，真到了某一天，当一个人生重大转机摆在面前而我们却又无能为力时，我们才会开始憎恨当初不尽力的自己，然而，这又有何用呢？

三

青年阶段，是人生最美好的时光，在此期间，一个人的精神和身体状态正处于高峰期，正是刻苦学习，补充新事物，接受世界变化和发展的黄金时期。这个时候，越嫌麻烦，越懒得学，越不愿意付出，日后就越有可能错过让你动心的人和事，错过新风景。相反，如果从一开始就知道打理自己，坚持克服难题，今后的境遇，或许就又是另一番景象了。

事实上，面对时间的流逝，每个人都在对自己的人生作出选择：寻欢作乐、无所作为、游戏人生是选择；孜孜不倦、争分夺秒、埋头苦干也是选择。不同的选择会把我们导向不同的生活之路，使人生呈现出不同的色彩与价值。所以，别逞一时之欢乐，那样的话你将遗憾终生。努力拼搏虽然有时会让人感到些许痛苦，但因为懦弱和懒惰而留下的遗憾，却不会再有弥补的机会。

混日子很简单，一分一秒就能做到，而想要生活得好一点，想要生命更有价值，就得以努力为铺垫。所以，别再为自己的不努力找理由了，这只会让你越来越甘于平庸。

人生的财富，都是汗水泡出来的

一

人生是一座可以采掘开拓的金矿，但总是因为人们的勤奋程度不同，给予人们的回报也不相同。

真正的梦想，需要用汗水来浇灌。有耕耘才会有收获，有付出才会有好结果。"成事在人"，这是俗语，也是真理。一件事、一项事业，人是最根本的因素。你用什么样的态度来付出，就会有相应的成就回报你。如果以勤付出，回报你的，也必将是丰厚的。

外国人说："贪睡的狐狸抓不到鸡。"中国人说："早起的鸟儿有虫吃。"这些其实都是告诫我们要勤奋踏实。所有的成功都是用努力的汗水浸泡着的，每一个成功者都付出了不菲的代价。

二

他出生在北京，10岁开始辍学并独立生活，15岁参了军，转业后进入北京市公安局五处炊事班，成了一名炊事员。

他做事勤快、踏实，为人热情，深受同事和领导的称赞。后来，北京市公安局规定，大专以下学历人员须另行安排工作，领导照顾他，让他到一家机关自办的小饭店去帮忙，饭店经理看他年轻勤快又机灵，刚好手边又缺人手，就向机关提出让他多留几天的请求，希望他在店里以值班副经理的身份负责接待，结果他干得非常出色。

由于他只有小学四年级文化，工作难免会受到一定限制，他开始补习初中知识。每天，他白天上班，晚上抄写生词，一忙便忙到深夜，但他还不嫌累，接着又伏案写自己的小说。他写小说的起因很有趣，是因为看了几本在书摊上买的书，他觉得那些作者的水平还不如自己。他心想，自己写的也一定能变成铅字。于是，每天晚上学习过后，他便开始了与自己的心灵对话。尽管夏季的气温让他汗流浃背，但他毫不觉苦，奋笔疾书。

开始，他把小说都写在各种笔记本上，塞在家中的壁橱里。有一次，他父亲偶尔找东西翻到了，便问他："你在写东西？写小说？你还写小说？"这时他很紧张，心里忐忑不安，他很希望父亲能看看自己写的那些东西，但表面仍装作若无其事。他问父亲："爸，您看了吗？""为了批评你，我可以看看，不为批评你我不看！"父亲的回答让他很是郁闷。想不到，第二天一早，父亲便来敲他的门："后边的呢？快拿来！"他暗自欢喜，他知道，自己得到了父亲的认可。

他把这部长篇小说又仔仔细细誊写了一遍，正巧，他家斜对面就是人民出版社，他便把厚厚的一摞书稿悄悄寄了出去。可是等了3个月仍然杳无音信。他有点不甘心，就壮着胆子跑去编辑部打听。原来，他的书稿还原封不动地堆在地上。这时，他真挚地对编辑说："老师，我等了3个月了，请您拆开看一下，只看700字！"编辑被他的诚恳打动了，同意了这个请求。他又说："如果您看着还行，再看一章。不行，下个月我来提走。"

一个月后，出版社编辑找上门来了，通知他，社里决定出版这部小说。结果，那部小说成了当时人民出版社有史以来发行量最大的作品。那部小说的名字叫《便衣警察》，作者想必大家已经知道了，就是我国著名作家、编剧海岩。《便衣警察》是海岩的成名作，一时风靡全国，同名电视剧也走红大江南北。此后，《一场风花雪月的事》《拿什么拯救你，我的爱人》《玉观音》《深牢大狱》《五星大饭店》《舞者》等作品部部畅销，相关电视剧也部部叫座，他本人亦获奖无数。

在谈到生活的体验时，海岩说："我觉得人生的长河中有许多偶然的浪花，你不必担心没有这个，没有那个，只要勤奋，就有机会。"

三

未来，是旷野中的沃土，只要你勤奋耕耘，总会结出硕果。而贪图安逸，只会让你越来越堕落，无所事事只会让你退化，只有勤奋才能让你获得成功，才能给你带来真正的幸福和乐趣。

人在旅途，我们的目的不仅仅是游山玩水，我们肩负着人生使命，所以必须向前走，不停地走，一直走到人生的尽头，无怨无悔地走完这生命的旅程。这一路上，勤奋是我们的食粮，没有它，我们四肢疲软，走不了多远；没有他，我们无法负重，纵使走着，也是两手空空。那些生活中的丰收者，谁不曾在"勤"上下过一番苦工夫，那些惰性十足的人，又谈什么成为翘楚？

03 ▶

这个世界，从没与你处处为敌

困惑和坎坷是生命的提醒，痛苦是灵魂被困扰的呐喊，这一切都让我们更加亲近真实的自己。如果能在跌宕的生活中，改变能够改变的，接受不能改变的，那么，人生不管如何变幻无常，我们都能活得安心快乐。

人生就是在奔赴中与痛苦抗争

杨绛先生说，人生实苦。这恐怕是对生命、对人生最直白的注解。

人生的很多客观事实我们无法选择，也无法逃避，比如儿时的成长记忆里多是窘迫不堪，稍微长大，为了能够改写命运翻过身来，不得不跋山涉水经风历雨，整个过程都带着痛苦。

有些人客观条件优越，但主观上仍躲不开苦痛的牵绊。比如跌打损伤生老病死，比如天有不测风云突变。放眼看去，有谁可以一帆风顺畅快自如呢？

人生，其实就是一场场苦痛的奔赴，在奔赴中与痛苦抗争，虽然无法摆脱痛苦，却可以减轻痛苦。

他还很小很小的时候，就被命运当头一棒。家人发现他走路经常撞墙，在医院，他被诊断出患有先天性白内障。妈妈带着他四处寻医，后来开了刀，挽回了一点微弱视力，能够自由行走，但细小的东西仍看不到。

老天似乎有意和这个家庭过不去。他读小学的时候，家境还算富足，另有房子收租。谁知几年后，家中投资失利，全家人只能靠房租度日。

他15岁的时候，更大的厄运降临了。他的眼睛全盲了。对于一个花季少年来说，这是何其不幸，他一度无法接受这个事实，变得封闭、消沉、暴躁。

幸好，他遇到了音乐，给他黑暗的生命以寄托，赋予了他挺过难关的勇气。他开始接受这个角色，学会用盲杖过马路，听声音坐公车，跟着做水泥工的父亲到工地表演。高三那年，他组建了视障音乐团体"全方位乐团"，他们手搭肩列队去地铁站演唱，常被安保当乞讨者驱赶。

转眼，他毕业了，努力追求着自己的音乐梦想，只是追求着……

有一次，他做水泥工的父亲到著名音乐人黄小琥家做装潢，他向黄小琥求助："我有一个做音乐的儿子，您能不能提拔提拔他？"慷慨义气的黄小琥赶去他的新歌发布会。"你儿子不用提拔，他很棒！"黄小琥说。从此以后，他跟随着黄小琥，并尽量找机会结识一些音乐人。他珍视每一个机会，随时随地发名片，他走遍各大小社区，也常去校园、工地，找寻演出机会，知名歌手唱 3 首，他就唱 6 首。有时候，他也会觉得梦想似乎遥不可及，但即使遥不可及，他也愿意为之努力。

26 岁时，他终于推出了个人首张专辑《你是我的眼》。他想告诉全世界，他看见了，他要用音乐和所有人打交道，让更多人去爱，去温暖，去感动。然而，他的呕心之作在当时却只是叫好，并不叫座，他与自己的梦想仍差了一步。

2007 年，林宥嘉在《超级星光大道》翻唱《你是我的眼》，并获得总冠军，作为原版的他也因此一炮走红，唱片销量陡增 10 倍。电话接连不断地打过来，许多知名歌手都请他为自己写歌。在承受了诸多苦难以后，他终于迎来了自己的光明。此时，他的心境已接近平和，他写了一封寄给十年后自己的信："你要把握上天给你的一切，爱惜自己的羽毛。就像在运动场上柔道中汲取的精神，可以努力，但要心胸宽广，不要太与人去争，要互相礼让。"2008 年，他获得"最佳台语专辑奖"。 2010 年，获金曲奖"最佳台语男演唱人奖"。 为黄小琥创作的《没那么简单》，长久稳居 KTV 排行榜之首，他成为 KTV 歌曲排行榜常胜将军。

他就是新生代实力唱作人领军人物萧煌奇。

三

生命呈现着两种状态，那就是外在与客观，内在与主观。痛苦与快乐在两种状态里都是对立的，生命本身就在痛苦与快乐之间摆动。

想要彻底摆脱痛苦，大概是不可能了，那就只有面对，接受，然后化解。这其间能丈量生命距离的，就是过程。人生就是一段段痛苦的过程缀接而成，我们品味生命的意义，品味人生的价值，其实就是在给生命过程最完美的解释。生命的意义就在于你能创造这过程的美好与精彩，生命的价值就在于你能够镇静而又激动地欣赏这过程的美丽与悲壮。美丽与悲壮便是生命高贵的另外一种彰显。

四

他，里面穿着一件旧短袖，外面套着略显破旧的皮夹克，夹克的肩部垫着厚厚的皮垫，上面放着一个便携音响连着组合乐器，他带着这些东西洒脱地奔向人群。他，就是流浪歌手。

每晚7点以后是他工作的开始，他会拿着自己编好的歌谱，去各个饭店让客人点歌。歌谱上的歌曲有许多：现代的、过去的、新潮的、经典的。他最喜欢的是张雨生的《我的未来不是梦》。

天黑得快，又冷。很少有人会在外面吃饭，他不得不多去些地方碰运气，因为有些饭馆是不让他进的。一个小时过去了，他仍然没有挣到一分钱。走了几站的路，他有点累了，靠在路灯下，半闭着眼，长发在光晕下显得如此沧桑。这两年他的脾气已经在别人的冷嘲热讽、白眼,甚至是骂声中被磨得没了棱角。有一段时间他感到很迷茫。在自己的地下室出租屋里一待就是一天,或者去看老年人打牌、下棋。他想过放弃,但自己为了音乐付出了这么多,就这样放弃他又有些不甘。他反复地说:"人这一辈子总得有个奔头,有个希望。"而音乐当然就是他的希望。他相信自己能成功。他并不觉得自己比那些明星差多少。

一个青年女子走了过来,丢下1块钱在地上,他拾起来还给了她,说:"我是卖艺的,不是要饭的。"她轻蔑地看了他一眼,随便点了一首歌,没等他唱几句,转身离开了。这是他赚到的第一笔钱,钱是拿到了,但拿得却是如此心酸。

临近午夜,他开始往回走。天气有些凉,路上的人已经很少了。他不冷,走了这么久的路,身子早就暖和过来了。走到一个酒店门口,他被两个醉汉拉住,非要他唱歌给他们听。他唱了几首,他们很高兴,但拒绝付钱,几个人纠缠在一起,被酒店保安劝开,他无奈地被赶走。

他一天的工作结束了,这一天他只挣到一点饭钱,空寂的马路上,路灯映着他疲惫的背影,他的耳边忽然又响起那首歌:你是不是像我在太阳下低头,流着汗水默默辛苦的工作;你是不是像我就算受了冷漠,也不放弃自己想要的生活……

他是谁?也许现在一名不文,但你又怎知他日后不会成为耀眼的明星呢?因为成就事业的关键就在于坚持奔赴前方并坚持与痛苦抗争。

苦难其实是生活的另一种恩赐

这个世界也许会给你伤害,但最终的结果却是由你自己把握的。别人的伤害只是一时,能够真正伤害你的,只有你自己。如果你的心里,一直有着伤口,生活必然会一直痛下去。所以你在埋怨命运的时候,请好好地想一想,是不是你给了自己伤害自己的理由。

一对孪生兄弟,十几岁的时候父母在一场车祸中双双离世,他们在别人的帮助下慢慢长大,生活开始朝着好的方向发展,然而,一场意外火灾又使原本非常英俊的他们被烧得面目全非,变得人人避之不及。

生活原本就不是很富裕,兄弟俩没有能力支付巨额的整容费用,而且当时的技术并不能保证给他们带来多大的改变,他们只能咬着牙适应这一切。他们的生活在这场火灾之后发生了翻天覆地的变化,他们再不是当初受人欢迎的帅哥了,来自四面八方的鄙夷眼光淹没了他们原本脆弱的自信心,生活对他们来说成了一种无言的煎熬。

哥哥不堪忍受生活的打击,趁人不注意,偷偷喝下农药,离开了这个世界。弟弟很悲伤，这个世界上唯一与他相依为命的人不在了，他的世界一瞬间仿佛又塌下了一半。那天晚上，他梦见了爸爸、妈妈，还有哥哥，他们仿佛在说："来吧，到我们的世界中来吧，我们一家团聚。"他真的想和他们相聚，可是，似乎总有一个声音在提醒他——你生命的价值还没有体现，别辜负你来这个世界走一遭的机会。他恍然惊醒，泪流满面。

后来，在残联的帮助下，他成了一名货车司机，每天重复着单调寂寞的生活。一天，在他返回城市的途中，下起了雨，路面很滑，他不得不小心翼翼地开着车。这时，他看到有一个人站在不远的地方求救，他犹豫了一下，还是停下了车，原来那个人的车子在附近抛锚，然而却没有一个人愿意停下来帮忙。

后来他才知道，他救的是一个在当地很有影响力的企业家，企业家非常欣赏这个忠厚的年轻人，他把自己名下的一家货场交给他打理，他凭借着诚信和实力，居然渐渐打开了市场。后来他有了经济实力，经过几次整形，他终于恢复了正常人的外貌，过上了正常人的生活。

50岁生日那天，看着脸上写满幸福的妻儿，想起这些年发生的事情，他再一次泪流满面。

二

一个人，如果一直无法走出心中的阴霾，那么他的世界必然一片漆黑；假如他能够改变心态，那么他的世界也会随之改变。

打开不一样的窗，就会看到不一样的风景，拥有不一样的心境，走向不一样的人生。如果一不小心，你推开的是那扇"让人不愉快的窗"，请关上它，并试着推开另一扇窗。

人生路上，我们常会开错"窗"，并且又执拗地深陷其中无法自拔，因而错过了另外一路好风景。

其实，一个人生命中的得与失，总是在所难免。我们在一个地方失去，又在另一个地方得到。任何不幸、失败与损失，亦都有可能转化为我们的有利因素。生活也真的很公平，它可以将一个人的志气磨尽，也能让一个人出类拔萃，就看你怎样选择，怎样做。

三

一名警察有着超人的听力，可以辨别不同时间、环境中发出声音的细微差异，比如能凭借窃听器里传来的嘈杂的汽车引擎声，判断犯罪嫌疑人驾驶的是什么车。他还会说7国语言。这些非凡的能力，使他成为警局中对抗恐怖主义和有组织犯罪的珍贵人才。

可谁能想到，这位超级英雄手里握的不是一把枪，而是，一支盲人手杖。

他叫夏查·范洛，是比利时警察局的一名盲人警察。

他曾一度在失明的痛苦和恐惧中沉沦。直至17岁那一年，他的人生获得了新生的力量。

一天，他因判断失误，撞上了一辆响着铃的自行车。他愤恨，怪对方说自己是盲人，他觉得是对方故意撞倒他的，而对方却在不经意间留下了一句让他铭刻在心的话。

那人说，铃按得那么响，眼睛看不见，不会用耳朵听吗？

呆了好半晌，范洛才回过神来——终于，他想到了自己的耳朵。

现在，范洛从不忌讳别人说自己是盲人。他常说，正因为我看不见，我才会听到别人无法听到的声音！

"眼睛看不见，不会用耳朵听吗？"多么简单而精辟的哲理！命运真的很公平，在向范洛关闭一扇门的同时，又为他开启了另一扇门……

四

有太多太多的人被某一天、某一刻、某一件事改变了人生，从此，生命的车轮折向了他们不想去的地方。他们慨叹失去，慨叹不公，把自己封锁在了自己设定的暗盒中。但是，不能啊，不能让精神世界的匮乏伴随自己走过余生！看看那些抓住"光明"扳转命运的人们吧——有一些失去何尝不是人生另一段成功旅途的起点！

世上的任何事物都是多面的，不要只是盯着其中的一个侧面，这个侧面让人痛苦，但痛苦大多可以转化。有一个成语叫作"蚌病成珠"，这是对生活最贴切的比喻。蚌因体内嵌入沙粒而痛苦，伤口的刺激使它不断分泌物质疗伤，待到伤口愈合时，患处就会出现一粒晶莹的珍珠。试想，哪粒珍珠不是由痛苦孕育而成的呢？所以，当你正经历风雨之时，想想风雨过后那明媚的阳光，想想那绚丽的彩虹，你是不是应该时刻感恩生命的给予呢？

心态对了，你的世界就对了

如果心态是快乐的，我们自然就是快乐的；如果脑子里满是忧郁的想法，我们就会显得十分悲观；有恐惧的想法，就会在心中种下恐惧，病态的思想真的会令我们身心疲惫。一个整天想着失败的人，注定不会成功。诺曼·玻尔说："事实上的你，并非真正的你，反倒是你怎么想，你就是什么样的人。"

马卡斯·奥勒斯不但是统治罗马的一代皇帝，而且也是一位伟大的哲学家，他曾经讲过一句精彩绝伦的话——这也是决定人类命运的一句话："心态决定一生。"

心理对我们的身体有着非常重要的影响。英国著名的心理学家哈德·菲尔德在他的书中提道："我做了一个实验：请三个人测试他们心理对生理的影响，我们使用了测力计来测量。在三种不同的情况下，请他们全力握住测力计。实验证明：在正常的清醒状况下，他们的平均抓力为100磅。当他们被催眠，并暗示他们都很衰弱时，就只有29磅的抓力——只有正常体力的三分之一。第三次测试时，通过不断地诱导他们，告诉他们在催眠中他们都非常强壮，意想不到的事情发生了：他们的平均抓力竟达 140 磅。事实证明：当他们心中充满积极有力的思想时，每人平均都超水平发挥了将近一半的力量。"

二

心态的力量是如此巨大，以至人们可以通过改变想法，来克服忧虑、恐惧甚至各种病痛，从而改变自己的人生。

有一个借助心态的力量而改变生活的奇妙事件，就发生在美国一个名叫马奔的人身上。以下便是关于他的真实故事：

他整天忧心忡忡担心每一件事，他担心自己太瘦，担心自己掉头发，担心没钱成家，担心失去他心爱的女友，担心别人对他的印象不好，甚至担心被炒鱿鱼。不久，他的情况发展到极为恶劣的地步，甚至一时无法与家人沟通。他无法控制自己，每一天都备受煎熬，他觉得所有的人都在与自己作对。他甚至想过自杀结束自己的生命，那时精神一度处在崩溃的边缘。

后来他打算到佛罗里达去，希望换个环境觉得可能会有所改变。当他上火车时，父亲交给他一封信，告诉他到了那里才能打开看。他到达佛罗里达时正是观光的黄金季节。反正订不到旅馆房间，他索性就租了个车房，他到处求职，不过没找到。于是他就整天在海滩上打发时间，实在是比在家里的情况更糟。他打开了那封信想看看爸爸说些什么。纸条上写着："孩子，你已离开家 1500 英里，不过并没有什么改变，对吗？我知道，因为你把烦恼也带去了，那烦恼就是你自己。令你灰心丧气的不是你所遭遇的各种状况，而是你对这些状况的想法态度。一个人的想法决定他是个什么样的人。当你想通了这一点，孩子，就回家来吧！因为此时你已经痊愈。"

这封信把他激怒了，他希望等到的是理解，不是任何指示，当下他就决定一辈子也不再回家。当晚他便在街头游荡，当经过一座教堂时，他就进去了，却听到有人念道："战胜自己的心灵比攻占一个城市还要伟大。"他坐在高大宽广的圣殿里，听着跟他父亲信上所写的同样的道理，刹那间他像是接收到了一股无名的力量，这些力量终于扫除了他心中的那些阴云。让他第一次感到神清气爽。他终于发现自己愚不可及，也真正找回了自己。他大吃一惊，原来他一直想改变整个世界及其中的每一个人，其实唯一需要改变的却是他自己的想法。

一周后，他又回到了自己原来的工作岗位。四个月后，他娶了那位他一直担心会失去的女友。现在他们已是有五个孩子的快乐家庭了。在精神状态不佳的那段时间，他担任晚班工头，带领只有18个人的小部门。现在，他在卡通公司任主管，领导450多位员工。对他来说，人生越来越精彩。

三

真得感谢那段经历，因为那段痛苦的岁月使马奔发现思想的力量比身心的力量巨大得多。现在他有办法运用思想的力量，而不是反受其害。他现在明白父亲是正确的，因为他说过使他受苦的并非是事情本身，而是他对事情所持的态度。这些让他终身受益。

马奔的故事，使我们深信，我们由人生体会到精神的满足，不是因为我们所处环境的改变，或具体在做什么工作，起决定作用的是我们的心理态度。外在的环境影响常常显得无足轻重。

当你深受情绪困扰，神经紧张时，你并非无可救药，你还是可以通过改变你的心理态度来改变你的生活，甚至你的命运。你怎么想，你就是什么样的人，理性做人，开心做人，就从现在开始。

缺陷对我们有意外帮助

天生的缺陷确实是一种残酷，可你不能因此而自卑消沉。既然缺陷无法改变，那么就要正视它，把它当成前进的动力。这样一来，你会发现缺陷其实也并没有那么可怕。

"假如我能站起来吻你，这个世界该有多美啊！"

这句话是张海迪对自己的丈夫说过的一句话。可是，现实并不尽如人意。那么，在张海迪的眼里，这个世界就不美了吗？不是，在张海迪的眼里，这个世界依然美丽，只是自己只能以坐着的姿态来欣赏这个世界的美丽。缺憾并不妨碍她笑对世间的心情。她有一个爱她的丈夫，有一个令许多人都羡慕的温馨的家。她不会因为身体的残疾逃避世人的目光。相反，她更注重与人的沟通。她会让别人帮她倒水、会让人帮她拿放在高处的东西、会让人推着她出席各种活动……她丝毫不会觉得自卑、羞于见人，所以，她活得洒脱、活得幸福。

二

幼时的张海迪与常人无异，爱唱、爱跳、爱玩、爱闹。但不幸在她5岁时降临了，她被确诊为脊髓血管瘤，经过了多次脊椎穿刺之后，病情仍不见好转。

1973年，全家人从农村返回莘县县城，那时的张海迪最想要的就是工作，她盼望能早日成为自食其力的人，但由于身体残疾，张海迪一直待业在家。深深的自卑感困扰着她，特别是当她无意间看自己的病历卡，"脊椎胸五节，髓液变性，神经阻断，手术无效"的字迹赫然映入眼帘时，张海迪萌发了轻生的念头。

但后来在家人的帮助下，张海迪的情绪逐渐稳定了下来。冷静思考之后，张海迪学起了针灸，诊断并为周围的人治病。在不断的学习和帮助他人的过程中，她看到了自己的价值，并从自卑的阴影中走了出来，最终活出了自信和光彩。

三

美国的国会议员爱尔默·托马斯曾说：

"我15岁时，常常为忧虑恐惧和一些自卑所困扰。比起同龄的少年，我长得实在太高了，而且瘦得像支竹竿。我有6.2英尺高，体重却只有118磅。除了身体比别人高之外，在棒球比赛或赛跑各方面都不如别人。他们常取笑我，封我一个'马脸'的外号。我的自卑感特强，不喜欢见任何人，又因为住在农庄里，离公路远，也碰不到几个陌生人，平常我只见到父母及兄弟姐妹。

"如果我任凭烦恼与自卑占据我的心灵，我恐怕一辈子也无法翻身。一天24小时，我随时为自己的身材自怜，别的什么事也不能想。我的尴尬与惧怕实在难以用文字形容。我的母亲了解我的感受，她曾当过学校教师，因此告诉我：'儿子，你得去接受教育，既然你的体能状况如此，你只有靠智力谋生。'

"可是父母无力送我上学，我必须自己想办法。我利用冬季捉到一些貂、浣熊、鼬鼠类的小动物，春天来时出售得了4美元。再买回两头猪，养大后，第二年秋季卖得40美元。用这笔钱，我到印第安纳州去上师范学校。住宿费一周1.4美元，我穿的破旧衬衫是我妈妈做的（为了不显脏，她特意用咖啡色的布），我的外套是父亲以前的，他的旧外套、旧皮鞋都不合我用，皮鞋旁边有条松紧带，已经完全失去了弹性，我穿着走路时，鞋子会随时滑落。我没有脸去和其他同学打交道，只有成天在房间里温习功课。我内心深处最大的愿望是，有一天我能在服装店买件合身而体面的衣服。"

想想当时爱尔默·托马斯的处境是多么悲惨，生理的缺陷和生活的贫穷同时困扰着他。但托马斯没有消沉，在克服了自卑之后他的人生之路越来越顺畅，50岁那年，托马斯成了俄克拉荷马州的国会议员。

四

愈研究那些有成就之人的事业，你就会愈加深刻地感觉到，他们之中有非常多的人之所以成功，是因为他们开始的时候有一些会阻碍他们的缺陷，促使他们加倍地努力而得到更多的报偿。正如威廉·詹姆斯所说的："我们的缺陷对我们有意外的帮助。"

"如果我不是有这样的残疾，"那个在地球上创造生命科学基本概念的人写道，"我也许不会做到我所完成的这么多的工作。"达尔文坦然承认他的残疾对他有意想不到的帮助。

在现实之中，我们不能不承认自己在某些方面"确不如人"，这是很自然的事。但是，这种现实的差距并不代表我们就是一个没有能力的人，更不应把这种差距变为自己失败的借口。

每个人都不会是"十分完美"的，都有各自的缺陷，但也有自己突出的优点。突出你的优点，正视你的缺陷，这就是你要做好的事。

别让情绪击败你

情商是一种基本生存能力，决定其他心智能力的表现，也决定人一生的走向与成就。

情商，又称情绪智力，是近年来心理学家提出的与智商相对应的概念，它主要指人的情绪控制能力。以往认为，一个人的成就大小，智商是第一决定要素。但现在，心理学家普遍认为，情商水平在个人发展中有着举足轻重的作用，有时其作用甚至要超过智力水平。

傲人的学历、满腹的学问，却始终无法在工作中有所突破，无法达成人生中哪怕一个很小的目标，他们的"病灶"就在于情商缺失。

二

山城有一家纺织厂因经济效益不好，决定让一批人下岗。在这一批下岗人员里有两位女性，她们都40岁左右，一位是工厂的工程师，另一位则是基层女工。就智商而论，这位工程师的智商无疑超过了那位基层工人，然而，在下岗这件事上，她们的心态却大不一样，而正是这种不同的心态决定了她们以后不同的命运。

女工程师下岗了！这成了全厂的一个热门话题，人们议论着、嘀咕着。女工程师对人生的这一变化深怀怨恨。她愤怒过、骂过、也吵过，但都无济于事。因为下岗人员的数目还在不断增加，别的工程师也下岗了。尽管如此，她的心理始终不平衡，觉得下岗是一件丢人的事。她整天都闷闷不乐地待在家里，不愿出门见人，更没想到要重新开始自己的人生，孤独而忧郁的心态抑制了她的一切，包括她的智商。她本来就血压高，身体弱，再加上下岗的打击，没过多久，她就被忧郁的心态打击得一败涂地。

而那位基层女工的心态却大不一样，她很快就从下岗的阴影里解脱了出来。她想别人下岗能生活下去，自己也能生活下去。她平心静气地接受了现实，并在亲戚朋友的支持下开起了一个小小的火锅店。由于她经营有方，火锅店生意十分红火，仅一年多，她就还清了借款。

现在,她的火锅店的规模已扩大了几倍,成了山城里小有名气的餐馆,她自己也过上了比在工厂时更好的生活。

三

一个是智商高的工程师,一个是智商一般的基层女工,她们都曾面临着同样的困境——下岗,但为什么她们的命运却迥然不同呢?原因就在于她们的情商差别。

女工程师的心态始终处在忧郁之中,这样的心态使得她对自己的人生不可能作出一个理智的评价,更不可能重新扬起生活的风帆。她完完全全沉溺在自己的不幸之中。一个人一旦拥有了这样的心态,其智商就犹如明亮的镜子蒙上了一层厚厚的灰尘,根本就不可能映照万物。所以,尽管女工程师的智商高,但在面对生活的变化时,她的情商却阻碍了智商的发挥。不仅如此,她的心态还把她引向了毁灭,另一位基层女工的智商虽然一般,但她平和的心态不仅使自己的智商得到了淋漓尽致的发挥,而且还使其以后的生活更加幸福。

一个具有高智商的人未必就能完全掌控自己的命运,没有良好的情商做辅助,智商再高有时也无济于事。事实上,正如哈佛大学心理学博士丹尼尔·戈尔曼教授所说的那样:"一个人如果不具备情感能力,缺乏自我意识,不能处理悲伤情绪,没有同情心,不知道怎样跟人和谐相处,即使再聪明,也不会有大的发展。"

四

事实上,这世界根本就没有过不去的坎儿,一时的失意绝不意味着一生失意。你要知道,在这个世界上,很多人远比你还要不幸!

有个穷困潦倒的销售员,每天都在抱怨自己"怀才不遇",抱怨命运捉弄自己。

圣诞节前夕,家家户户热闹非凡,到处充满了节日的气氛。唯独他冷冷清清,独自一人坐在公园的长椅上回忆往事。去年的今天,他也是一个人,是靠酒精度过了圣诞节,没有新衣、没有新鞋,更别提新车、新房子了,他觉得自己就是这世界上最孤独、最倒霉的那一个人,他甚至为此产生过轻生的念头!

"唉,看来,今年我又要穿着这双旧鞋子过圣诞节了!"说着,他准备脱掉旧鞋子。这时,"倒霉"的销售员突然看到一个年轻人滑着轮椅从自己面前经过。他顿时醒悟,从此以后,推销员无论做什么都不再抱怨,他珍惜机会,发愤图强,力争上游。数年以后,推销员终于改变了自己的生活,他成了一名百万富翁。

五

很多人天生就有残缺,但他们从未对生活丧失过信心,从不怨天尤人,他们自强自立、不屈不挠,最终战胜了命运。可有些人,生来五官端正,身体健全,但仍在抱怨生活、抱怨人生,相比之下,难道我们不感到羞愧吗?丢开抱怨,用行动去争取幸福,你要明白:纵然是一双旧鞋子,但穿在脚上仍是温暖、舒适的,值得珍惜的,应该感恩的。

当然,在麻烦、苦难出现时,人总会感觉内心不安或是意志动摇,这是很正常的。面临这种情况时,就必须不断地自励自勉,鼓起勇气,信心百倍地去面对,这才是最正确的选择。

有一名叫鲁奥吉的青年，他在20岁那年骑摩托车出车祸，腰部以下全部瘫痪。鲁奥吉在事后回忆说："瘫痪使我重生，过去我做的所有事都必须从头学习，就像穿衣、吃饭，这些都是锻炼，需要专注、意志力和耐心。"

鲁奥吉以积极面对人生的态度声称，以前自己不过是个浑浑噩噩的加油站工人，整天无所事事，对人生没什么目标。车祸以后，他经历的乐趣反而更多，他去念了大学，并拿到语言学学位，他还替人做税务顾问，同时也是射箭与钓鱼的高手。他强调，如今，"学习"与"工作"是他所选择的最快乐的两件事。

的确，生命中收获最多的阶段，往往就是最难挨、最痛苦的时候，因为它迫使你重新检视反省，替你打开了内心世界，带来更清晰、更明确的方向。

有点痛苦有时也是好事

作家林清玄写过一个故事：

有一年上帝看见农民种的麦子颗粒饱满，觉得很开心。农夫见到上帝却说："五十年来我没有一天结束祈祷，祈祷年年不要有风雨、冰雹,不要有干旱、虫灾。可无论我怎样祈祷总不能如愿。"这时,农夫忽然吻着上帝的脚说:"我全能的主呀!您可不可以明年承诺我的恳求,只要一年的时光,不要大风雨、不要烈日干旱、不要有虫灾?"

上帝说:"好吧,明年必定如你所愿。"

第二年,由于没有狂风暴雨、烈日与虫灾,农民的田里果然结出很多麦穗,比往年多了一倍,农民高兴不已。可等到秋天的时候,农夫发现所有的麦穗竟全是瘪瘪的,没有什么好籽粒。农夫含泪问上帝,说:"这是怎么回事?"

上帝告诉他:"由于你的麦穗避开了所有的考验,才变成这样。"

一粒麦子,尚且离不开风雨、干旱、烈日、虫灾等挫折的考验,对于一个人,更是如此。

"草木不经风霜,则生意不固;吾人不经忧患,则德慧不成。"近代哲人沈近思如是说。生命中难免有暗夜,然而只要我们心怀阳光坚强地面对,一定会发现,生命中的每一次苦难对于我们而言都是那么地富有深意。

莎莉·拉斐尔是美国著名的电视节目主持人,曾经两度获奖,在美国、加拿大和英国每天有800万观众收看她的节目。可是她在30年的职业生涯中,却曾被辞退18次。

刚开始,美国大陆无线电台都认定女性主持不能吸引观众,因此没有一家愿意雇用她。她便迁到波多黎各,苦练西班牙语。有一次,多米尼亚共和国发生暴乱事件,她想去采访,可通讯社拒绝她的申请,于是她自己凑够旅费飞到那里，采访后将报道卖给电台。

1981年她被一家纽约电台辞退，无事可做的时候，她有了一个节目构想。虽然很多家广播公司觉得她的构想不错，但因为她是女性，还是没有公司愿意雇用她。最后她终于说服了一家公司，受到了雇用，但她只能在政治台主持节目。尽管她对政治不熟，但还是勇敢尝试。1982年夏，她的节目终于开播。她充分发挥自己的长处，畅谈7月4日美国国庆对自己的意义，还请观众打来电话互动交流。令人想不到的是，节目很成功，观众非常喜欢她的主持方式，所以她很快成名了。

当别人问她成功的经验时，她发自内心地说："我被人辞退了18次，本来大有可能被这些遭遇所吓退，做不成我想做的事情。结果相反，我让它们鞭策我前进。"

刚毅拯救了尘俗边缘的灵魂，摒弃了世俗的舒适和安逸带来的贪恋、犹疑、怯懦，所有的困厄在其面前最终只能销声匿迹。

苦难往往是化了妆的幸福。苦难往往是令人心酸的，但是它是有益于身心的。不屈不挠的人是自信的，他的人生字典写满成功；不屈不挠的人是刚强的，他总有一个支撑自己的精神支柱。最高尚的品格是不屈不挠磨炼出来的，一颗坚韧而又刚毅的心灵从炼狱般的锻造中所获取的要比从安逸享受产生的成功多得多。

三

弱者沉吟叹息，勇者却向着光明抬起他们纯洁的眼睛。当你笑对苦难时，你会发现苦难其实不过如此。

男孩出生在一个贫寒的家庭。父亲过早地撒手人寰，只留下嗷嗷待哺的他与母亲相依为命。那个可怜的母亲是个只会打零工的女人，她爱自己的孩子，也想给他其他孩子一样的生活，但她确实没有那个能力，她每个月只能拿到不足30美元的工钱。

有一次，男孩的班主任让班上的同学们捐款，男孩觉得自己与其他人没什么差别，他也想有所表示，于是拿着自己捡垃圾换来的3美元，激动地等待老师叫他的名字。可是，直到最后，老师也没有点他的名字。他大为不解，便向老师去问个究竟，没想到，老师却厉声说道："我们这次募捐正是为了帮助像你这样的穷人，这位同学，如果你爸爸出得起5美元的课外活动费，你就不用领救济金了……"男孩的眼泪瞬间流了下来，他第一次感到那么的屈辱与委屈，打那天以后，男孩再也没有踏进这所学校半步。

三十年弹指一挥间，这位名叫狄克·格里戈的男孩如今已经成了美国著名的节目主持人。每每提及此事时，他总是会说："经由这盆冷水的冲刷，我的梦想将会更明朗，信念将会更加笃定。"

那么小的孩子，那么大的刺激，这事若换在其他人身上，或许阴影便会笼罩一生，或许我们便真的认命了，继续领着救济金，继续过着低人一等的生活。显然狄克·格里戈的意志力要比我们很多人都强，他应该很清楚，生命是自己的，前程是自己的，幸福也是自己的，并不是随便某个人的几句话、随便的一点什么挫折就可以毁掉，所以他要珍爱自己的生命！

而现在的我们所缺少的，也许正是狄克·格里戈那种化刺激为潜力的心气儿，挫折改变了两种人的命运——它能够将懦夫拉入万丈深渊，同样也能够成就生命的美丽。而成与败的关键就在于，你是不是能够把它看成是生命的一种常态。

幸福就是自身的感受

一

幸福其实就在点点滴滴的生活中，一个人的处境是苦还是乐，这其实是主观的感受。

同样是半杯水，消极的人说："我只剩下了半杯水。"而积极的人却说："我还有半杯水！"同样是拥有，但是却有两种截然不同的人生态度与价值判断，其实这就是两种截然不同的自我心理暗示。

其实，在我们的生活当中并不缺少快乐，缺少的是发现快乐的眼睛和感悟快乐的心灵。当你把自己的轻松快乐存入银行的时候，你就会觉得，其实在这个世界上还是有许多快乐幸福的事情的。

二

曾经有一位北京的朋友，他讲了一件令人颇有感触的事。

"我家保姆是一位来自大山里面的农村姑娘，刚满20岁，不识字。

曾经听她说，她们家识字的只有她妹妹，妹妹现在在家乡读高中，成绩不错。有一天，她妹妹给她来了封信，她让我念给她听。我拆开信后，几行清秀的字迹跃入了眼帘，读着读着，我就被信的内容深深感动了。

"信里说，因为家里实在太穷了，她已经退学了，现在正在家里帮助父母忙农活。妹妹劝姐姐一定要珍惜北京的工作，不要去羡慕别人的生活，要自强自立，好好做人，其中有一句话是：幸福就是自身的感受。

"在读完这封信之后，我的眼睛湿润了。一位不到20岁的农村姑娘，居然对人生竟有如此深的感悟，这能不令人感动吗！""幸福就是自身的感受"，这句话说得多么好呀！现在，许许多多的人腰缠万贯，但他们真的幸福吗？答案很显然，幸福从来都不是用金钱能够衡量的。

三

腹有万卷书的穷书生，并不想去和百万富翁交换钻石或股票。满足于田园生活的人也并不羡慕任何高官厚禄。

你的爱好就是你的方向，你的兴趣就是你的资本，你的性情就是你的命运。每个人有每个人理想的乐园，有自己所乐于安享的世界。

人的一生是非常短暂的，有的时候像烟花般短暂炫目，一闪而逝。快乐也是一辈子，痛苦也是一辈子，为什么不让自己活得更快乐一些呢？幸福就好像一把魔杖，掌握在我们自己的手中。只要我们能够感悟一下心灵，谛听一下心灵，我们就可以找到幸福。

04
蜕变不需要自虐，只要发挥内在的力量

每个人身上都带有能量，而人的意念力来自于我们内在的能量场。如果我们能提升内在的正能量，规避恐惧、胆怯、怀疑、消沉的负能量，就能改变我们的工作、生活和行为心理模式。

改变，从观念开始

一个人的现状由他的行为决定，即是说，他做了什么事，导致他现在的结果。而一个人的行为由他的思想来支配，他的思想又是由他的观念来引导的。所以一个人的现状，归根到底就是由他的观念所决定的，以此类推，一个人想改变自己的现状，首先要改变的就是自己的观念。

一个人，只有观念领先了，才会有行动上的领先，继而是成就的

领先。

多年前，一个新生命在美国犹他州诞生，仿佛是天性使然，他从小就厌倦学校和教会带给自己的束缚，拒不接受传统思想。到了14岁，他忽然想去工作，可年龄又不够，于是他伪造洗礼证书，宣称自己已满16岁，混进了一家罐头厂干起了倒污水的工作，又先后做过乳牛场伙计、搬运工、屠宰厂工人、农场农药喷洒工……

身边的亲人都说他太叛逆，将来很难成才，对他不抱什么希望。他27岁时，一家消费金融公司给了他一个正当工作的机会。可是他依然不安分，在他的影响下，几个平均年龄只有20来岁的年轻人跟随他甩开膀子干，他们的努力产生了很好的效果，公司的业绩奇迹般高速增长，但公司思想保守的领导层最终还是容不下他。不到一年，他就被逐出了公司。后来他流浪到了西雅图市，偶然的机会进入一家金融集团干起了主持筹办消费者借贷业务的行当，日久天长，他"不守规矩"的本性又渐渐显露出来，在那个保守风气盛行的环境里，他破除陈规，改革创新组织与管理的努力再一次流产了。

36岁那年，已是3个孩子父亲的他生活十分窘迫，走投无路的他不得已敲开了美国国家商业银行的门，当了一名实习生，所干的工作与勤杂工差不多，近40岁了经常被各部门调来调去，任人差遣和使唤。

这样的境况，他熬了16年，生性叛逆的个性让他吃尽了苦头，受尽了磨难，却没干成过任何一桩他想干的事。可是，倔强的他不断告诫自己，这一辈子一定要找到一次出彩的机会。

43岁时，在许多人对人生已不再抱出彩希望的时候，他赢得了生命中的一次转机。美国国家商业银行开发信用卡业务,他争取到了一个协助工作的角色,并以超越了非传统的想法获得了银行高层的支持。带着30多年来一直对创新组织与管理的向往与实践,经过近两年的积极探索,他终于成功了。在当时没有互联网的条件下,他发展出一套"价值交换"的全球系统,并借此创建了一个组织"VISA(维萨)国际",以至在以后的22年里,成为奥林匹克运动会的铁杆赞助商。后来维萨的营业额发展为沃尔玛的10倍,市场价值是通用电气的2倍,成了全球最大商业公司,世界超过六分之一的人口成为其客户。他自然而然地被推上了维萨信用卡网络公司创始人的位置,后来又成为"混序联盟"的创始人及CEO。

他就是入选企业名人堂,并被美国颇具影响力的《金钱》杂志评为"过去25年间最能改变人们生活方式的八大人物"之一,他的名字叫——迪伊·霍克。

迪伊·霍克,这位几十年抱着信念挣扎在人生底层的超常思维大师,耗尽他大半生的时光,终于为他平凡的生命划出了一道绚丽的弧,他独特的创业管理理念——"问题永远不在于如何使头脑里产生崭新的、创造性的思想,而在于淘汰旧观念"。让很多人受益匪浅。

要想改变我们的人生,首先就要改变我们的心中的想法。只要想法是正确的,我们的世界就会是光明的。事实上,我们与那些成功者之间本身并无太大差别,真正的区别就在于观念:他们一直驾驭着观念,而我们则一直在被观念所驾驭。观念的正确与否,决定了谁是坐骑，谁是骑师。

你可能很勤劳，也能够理性的用钱，但你没有改变生活的想法，你的潜意识没有引导你去把握那些成功的机会，所以直到今天你还是老样子。

三

有个牧师临终前对他的妻子说："年轻时，我立志改造这个世界，我到过各个地方，向人们讲述如何生活和应该做什么的道理，但是，"他接着说，"看来是没有起到什么作用，因为没人听我说什么。于是我决定先改变我的家人，但是使我迷茫的是，你们对我的话也不理会，没有发生任何我所希求的变化。"他停顿了一下，叹息道，"后来，到了生命的最后几年，我才认识到，我真正能够影响到的、唯一的人就是我自己。如果我想改变这个世界，我应该从改变自我开始。"

如果想法不对，再多努力也白费，想法有时比努力更重要！现今的社会，是观念的更新，是想法的变革，是头脑的竞赛。想要改变今天的不如意局面，首先就要改变想法。

如果你能够有意向地改造自己错误的观念、行为，这会使你在做任何一件事时都与众不同。这个时候你会自然而然地认为自己与别人不一样，你觉得自己就应该多学、多看、多干，你就能迅速提升自己各方面的层次。

做人是要有雄心的

一

为什么失意的人越发失意，为什么困顿的人越发困顿？因为失意的人总是不断地去触碰心中的创伤，越碰越痛，而困顿的人安于困顿，无意改变，于是越来越困顿。

据说法国一位年轻人，很穷，很苦。后来，他以推销装饰肖像画起家，在不到十年的时间里，迅速跻身为法国50大富翁之列，成为一位年轻的媒体大亨。却因癌症不幸离世。他去世后，法国一家报纸刊登了他的一份遗嘱。在这份遗嘱里，他说：我曾经是一个穷人，很穷的那种。在以一个富人的身份，跨入天堂的门槛之前，我把自己成为富人的秘诀留下。谁若能通过回答穷人最缺少的是什么，而猜中我成为富人的秘诀，他将能得到我的祝贺。我留在银行私人保险箱内的100万法郎，将作为睿智地，揭开贫穷之谜的人的奖金。也是我在天堂，给予他的欢呼与掌声。

二

遗嘱刊出之后，有48561个人寄来了自己的答案。这些答案五花八门。绝大部分人认为，穷人最缺少的当然是金钱了。有了钱，就不会再是穷人了。另有一部分认为，穷人之所以穷，最缺少的是机会。穷人之穷，是穷在背时上面。又有一部分认为，穷人最缺少的是技能。一无所长，所以才穷。有一技之长，才能迅速致富。

在这位富翁逝世周年纪念日，他的律师和代理人在公证部门的监督下，打开了银行内的私人保险箱，公开了他致富的秘诀，他认为：穷人最缺少的是成为富人的野心。在所有答案中，有一位年仅9岁的女孩猜对了。为什么只有这位9岁的女孩想到穷人最缺少的是野心？她在接受100万法郎的颁奖之日，她说："每次，我姐姐把她男朋友带回家时，总是警告我说不要有野心！不要有野心！于是我想，也许野心可以让人得到自己想得到的东西。"

谜底揭开之后，震动法国，并波及英美。一些新贵、富翁在就此话题谈论时，均毫不掩饰地承认——野心是永恒的治穷特效药。是所有奇迹的萌发点，困顿的人之所以困顿，大多是因为他们有一种无可救药的弱点，也就是缺乏致富的雄心。

三

长久以来，我们一直以为自己之所以困顿，缺的就是财力和物力，但事实上我们真正缺少的是雄心——成为富人的雄心。为什么这样说呢？因为我们之所以困顿，完全是因为我们现在的思想还停留在安于现状、只求一时满足的状态上，我们并没有着眼于将来，骨子里更没有成为富人的雄心。或许我们在睡着的时候也曾做过富翁梦，但完全是两回事，我们很多人也就只是做做梦，没有把这个梦当成一种志向，没有切实的行动，所以梦还是梦，现实的情况还是没有改观。

所以说，即便你现在的境况十分困窘，未来似乎遥不可及，但也永远不要认命，因为你一旦认命，没有了脱离贫困的强烈愿望，那么你的一生将注定潦倒不堪。其实，只要你认为自己不是一个无能之辈，有雄心，求上进，你就能找到富有的东西，即使是精神上的，你也会觉得非常幸福。

逆袭是对轻视最好的反击

一

也许此时的你只是一株稚嫩的幼苗，然而只要坚忍不拔，彼时终会成为参天大树。也许此时你只是一条涓涓小溪，然而只要锲而不舍，彼时终会拥抱大海。也许此时你只是一只雏鹰，然而只要心存高远，跌几个跟头，彼时终会翱翔蓝天……

你得明白，那些真正有品位的人不会因为你此时的羸弱看不起你，除非你放弃了走向强大的权利。

二

当他还是个少年时，他有些自卑，他长得又瘦又小，其貌不扬，而且他的家庭让很多同学看不起,他父亲是卖水果的,母亲是学校边上的"餐车娘"。而他的同学,那些孩子大部分都是富家子弟,他是一个例外,他的父亲没有受过教育,深知没有知识的痛苦,于是狠下心花了大部分积蓄将他送入这个贵族学校。

　　从第一天踏入这个学校开始,他就受到了歧视,他穿的衣服是最不好的,还有人笑话他的书包破,他曾经哭过,可他没告诉父母,因为怕父母伤心难过,因为这个书包还是妈妈狠下心给他买的。

　　在这个学校里,对他最好的就是李老师了,李老师总是鼓励他,总是笑眯眯地看着他,李老师长得又端庄又漂亮,好多孩子都喜欢她。

　　那一年圣诞节,除了他,所有孩子都给老师买了平安果,但他买不起,一个平安果便宜的要十块,贵的要几十块,他没有钱,他也不想向父母要钱,于是他煮了家里的一个鸡蛋送给了李老师。

　　当他把这个鸡蛋拿出来时,所有的人都笑了,他心里五味杂陈,他更怕李老师也会笑话他。

　　但想不到李老师非但没有笑话他,而且当着全班同学的面说:"同学们,这是我收到的最好的礼物,这说明这个同学很有创意,其实不必给老师买什么平安果,有这份心意老师就很感动了。"

　　接下来,李老师还给他们讲了一个故事。

三

　　故事里有一个小女孩,她的家很穷,她是个穷孩子,有一天,母亲带着她去找校长,为的是让孩子转到这个中心小学来,母亲把家里的唯一一只老母鸡送给了校长,但当她们说明来意时,那校长却说:

"谁要这东西？我们早吃腻了老母鸡。"

那句话深深刺伤了小女孩和她的母亲。她们没有去中心小学，小女孩还在她们村子里上学，但她明白了自己应该发奋努力，年年考第一，最后，她以全乡第一的成绩考上了县重点中学，后来，她又考上北京师范大学，现在在一所高级中学里教书。

孩子们听完都很感动，李老师说："那个女孩子就是我。"

他听完，眼里已经有了眼泪，一直以来他都是很自卑的，但老师的言传身教给了他极大的鼓励。从这以后他认定：每个人都是有尊严的，无论贫穷还是富有。所以，他发奋努力，而如今，他已是国内一所知名学府的教授。

一个人就算被毁灭，也不应该被打败。即便所有人都轻视你，你也不可轻视自己。也许并非每个人都能成为人生的赢家，但是面对人生中的失意与轻视，你无论如何也要从容地、保持尊严地活下去，即使默默无闻也好，就算平平凡凡也罢，重要的是，不管再怎么一无所有，也别把做人的尊严和风度一并输掉。当你感到无助和绝望的时候，其实你依然还有选择的机会。

你改变不了这个世界，但你却可以改变自己。其实谁都可以活得很漂亮。自尊，并不是贵族的权利，甚至当你为自尊而努力之后，你的生活也会发生翻天覆地的变化。

把自己想象为成功者

一

"我"会成为哪种类型的人？是成功者还是失败者？人们都会思考这个问题。而且在成长的过程中，也会不断通过别人的评价、自己的经历，下意识地给自己勾画出一幅幅心理图像。遗憾的是，这些图像大部分都是消极的、否定的，在很多人看来，成功只属于那些天分极高或是极优秀的人，而像自己这样才智平平的人，注定与成功无缘。

其实这是由不自信造成的错误，是我们太小瞧自己了。人生而平等，没有谁注定渺小，后来之所以千差万别，不是上帝的戏弄，也不是条件的差异，很大程度上是因为个人内心对自己的期望值不一样：有的人一直以成功者定位，有的人则自轻自贱、放任自流，结果人生质量就产生了巨大差异。正像著名心理学家詹姆斯·艾伦所说的那样："一个人能否成功取决于他的想法，我们有什么样的愿望，想成为什么样的人，就会无意识地、不自觉地向实现愿望的方向运动。"

在人的本性中有一种倾向，我们把自己想象成什么样的人，有时就真的会成为什么样的人。

心理学的重大发现之一，就是可以借助自己不断地想象，成为理想中的人物。如果你现在并不成功，或者正经历着失败，你可以把自己想象成一个成功者。

据说有一位法国男人已经到了不惑之年依然毫无建树，他觉得自己一无是处：做生意失败，找工作又无人接收，甚至连妻子也因无法忍受贫穷，离自己远去！他认为世界抛弃了自己，他自卑至极，变得易怒又脆弱。

有一天，他在酒吧门前遇到了一位占卜者："喂，老头，我一直很倒霉，你帮我看看是怎么回事。"

占卜者对着他端详片刻，眼中突然放出异样的光芒："先生，能为您算命真是我的荣幸！"

"此话怎讲？"男人被搞糊涂了。

"因为您具有皇族血统，您是一位伟人的子孙！"占卜者语气坚定地说，"可以把您的生日告诉我吗？"

男人将信将疑，报出了自己的生日。

"没错！您就是拿破仑失落的后代！"占卜者一脸兴奋。

"我是拿破仑的子孙？！"男人的心跳到了嗓子眼。

"是的，您体内流淌着皇族的血液，您继承着拿破仑的勇气和智慧，而且您不觉得，您与拿破仑有几分相像吗？"

男人仔细一想，感觉自己与拿破仑是有几分相像："可是，为什么我的命运如此不济？我做生意破产了，找不到可以糊口的工作，甚至连妻子都离我而去了。"

"这是上帝的考验！他要你经历这些挫折与痛苦，否则您就不能成功。不过，考验已经结束，好运即将到来，数年以后，你将成为全法国最成功的人，因为您具有皇族的血统！"

回家路上，一种曼妙的感觉在男人心中涌动："我不能给波拿巴家族丢脸，我要像祖辈一样出色！"

数年以后，这个"拿破仑子孙"赚得亿万身家，成为法国家喻户晓的人物。

三

这位法国人究竟是不是拿破仑的子孙呢？这根本无从考证，而且显然已不重要。重要的是，占卜者帮助他缔造了一种积极的心理暗示，他把自己想象成"拿破仑的子孙"，这样的身份怎么能放任自流？于是他从心里赶走了自卑，不再颓废，积极的心理暗示刺激他正确做事，所以他成功了。

那么从这一刻起，不论贫穷还是貌丑，都把自己想象成一个非常积极、非常热情、非常成功的人，把自己想象成一个天生的赢家，每天花点时间重复这个画面，把它刻在你的心里。这样不断通过积极的暗示改变自己的内在，潜意识就会慢慢引导你的行为，不断配合你的暗示做出改变，你就可以成为自己想要成为的那个人。

不可能？不，可能！

不敢向高难度挑战，是对自身潜能的束缚，只能使自己的无限潜能浪费在无谓的琐事中，与此同时，无知的认识还会使人的天赋减弱。这就是在作茧自缚，是你消极的思想将自己固定在了一个界限之中，但事实上，这个界限并非不可突破。

想要突破界限，化茧成蝶，首先就要从心做起。你的心有多大，世界就有多大；心的宽度，就是你世界的宽度。它可以帮助你超越困难、突破阻挠，最终达到你的期望。

有个中学生，在一次数学课上打瞌睡，下课铃声把他惊醒，他抬头看见黑板上留着两道题，就以为是当天的作业。回家以后，他花了整夜时间去演算，可是依然没结果，但他锲而不舍，终于算出一题。后来，他把答案带到课堂上，连老师都惊呆了，因为那题本来已被公认无解。假如这个学生知道的话，恐怕他也不会去演算了，不过正因为他不知道此题无解，反而创造出了"奇迹"。

二

一个人，从小患有小儿麻痹症，后来他瘫痪了，20多年来，他一直无法走路。一个冬天的夜晚，他所居住的那排房子突然失火了。火借风势，越烧越烈，熊熊大火将房子包围了。大火威胁着每个人的生命，房子里面的人摸索着从烈火和烟雾中跑了出来，喊叫声、哭泣声、嘈杂声充斥着火灾现场的每一个角落，忙于逃命的人们根本无暇顾及他。

火燃烧着，人们忙着逃命，他也不例外。他竟然忘记了自己瘫痪的身躯，从大火中挣扎着跑了出来。有人发现他跑出来时说道："哎呀，你是瘫痪的！"听了这句话，他颓然倒下了，从此瘫痪得更加严重，他彻底地放弃了治疗，不久就过世了。

这都是真实发生过的故事。可以看出，不是环境也不是遭遇能够决定人的一生，而是看人的心处于何种状态，而这些又决定着一个人的现在也决定着他的未来。

三

任何障碍都不是失败的理由，那些倒在困难面前的人，只是在心里将困难放大了无数倍。这种行为的实质就是"自我设限"，是一种消极的心理暗示，它使我们在远未尽力之前就说服自己"这不可能……"，于是我们的心会首先投降——"我不会。我完成不了……"放纵自己这样想的人很难成功，因为他已经在潜意识中停止了对成功的尝试。而事实上，这世上没有那么多不可能。

2002年，朱兆瑞在英国留学时无意中从《瑞报》上看到了一则启事，大意是《卫报》要招募两名年轻人进行环球旅行，一个人向东走，一个人向西走，所有的费用都由报社支付，唯一的条件是旅行者需每天向报社写一篇文章。在一次和英国学生酒后打赌后，MBA还没毕业的朱兆瑞揣着3000美元开始了他的环球旅行。为了最大限度地缩减开支，他将所学的知识运用到实践中，制定了周密的旅行计划，设计了合理的旅行线路。

这3000美元的环球旅行并不像我们所想象的那样，睡车站、码头、节衣缩食。每到一个国家，他都会吃一些有特色的大餐。具体算下来，他每天的吃饭费用在10美元左右。有30%的时间住的是青年旅馆，40%是星级酒店，其余大部分时间他住在朋友家。靠着这种科学合理的方式他游历了世界28个国家和地区，并参观了世界500强公司。

更令人难以置信的是，在他环球旅行中有一张最便宜的机票，从布鲁塞尔到伦敦，折合人民币8分钱！

环球旅行结束后朱兆瑞写了一本名为《3000美金，我周游了世界》的畅销书，面对众多媒体和好奇的读者他说得最多的一句话是：用勇气去开拓，用头脑去行走，用智慧去生活。

成功与失败皆取决于思想的力量。掌控你自己的思想，你就能把握成功并将不可能变为可能。

四

所以接下来，你必须向"极限"发出挑战，这是获得高标生存的基础。在当今这个竞争激烈的大环境下，如果你一直以"安全专家"自居，不敢向自己的极限挑战，那么在竞争的对抗中，就只能永远处于劣势。当你羡慕那些成功人士之时，不妨静心想想：为什么他们能够取得成功？你要明白，他们的成功绝不是幸运，亦不是偶然。他们之所以有今天的成就，很大程度上，是因为他们敢于向"瓶颈"发出挑战。在纷扰复杂的社会上，若能秉持这一原则，不断磨砺自己的生存利器，不断寻求突破，就能占有一席之地。

上帝只会拯救有自救意识的人，成功只属于有追求、敢拼搏的勇士，对于容易被人生中种种困难所吓退和束缚的人来说，成功永远是一个美丽的、遥不可及的梦，只能存在于"如果人生可以重来"的想象之中。

审视曾经的失败你会发现：原来在还没有扬帆起航之前，许多的"不可能"就已经存在于我们的假想之中。现在你明白了，很多失败不是因为"不能"，而是源于"不敢"。不敢，就会带来想象中的障碍。

所以我们必须告诉自己的心：没有绝对的不可能，只有自我的不认同——不认同勇气，不认同坚持，不认同自身的潜能，所以，"我"才不敢去拼搏，所以才难与成功握手！

把自己的梦想交给自己

谁无所事事地度过了今天，就等于放弃了明天，懒汉永远不可能获得成功，没有机遇只是失败者不能成功的借口。

当你眼巴巴地看着别人的幸福羡慕不已时，当你因为一无所有而落魄痛苦时，你一定也曾在心里为自己描绘过一些美丽的画面，可是为什么没能去实现？也许就是那么一会儿工夫，你觉得前面的路实在难走，你害怕了，你的心劲儿又散了，你又走回了老路。

其实人生说易不易说难不难，这世界比你想象中更加宽阔，你的人生不会没有出口，走出蚁居的小窝，你会发现自己有一双翅膀，不必经过任何人的同意就能飞翔。

多年前，英国一座偏远的小镇上住着一位远近闻名的富商，富商有个19岁的儿子叫希尔。

一天晚餐后，希尔欣赏着深秋美妙的月色。突然，他看见窗外的街灯下站着一个和他年龄相仿的青年，那青年身着一件破旧的外套，清瘦的身材显得很羸弱。

他走下楼去，问那青年为何长时间地站在这里。

青年满怀忧郁地对希尔说："我有一个梦想，就是自己能拥有一座宁静的公寓，晚饭后能站在窗前欣赏美妙的月色。可是这些对我来说简直太遥远了。"

希尔说："那么请你告诉我，离你最近的梦想是什么？"

"我现在的梦想，就是能够躺在一张宽敞的床上舒服地睡上一觉。"

希尔拍了拍他的肩膀说："朋友，今天晚上我可以让你梦想成真。"

于是，希尔领着他走进了富丽堂皇的别墅。然后将他带到自己的房间，指着那张豪华的软床说："这是我的卧室，睡在这儿，保证像天堂一样舒适。"

第二天清晨，希尔早早就起床了。他轻轻推开自己卧室的门，却发现床上的一切都整整齐齐，分明没有人睡过。希尔疑惑地走到花园里。他发现，那个青年正躺在花园的一条长椅上甜甜地睡着。

希尔叫醒了他，不解地问："你为什么睡在这里？"

青年笑了笑说："你给我这些已经足够了，谢谢……"说完，青年头也不回地走了。

三

20年后的一天，希尔突然收到一封精美的请柬，一位自称"20年前的朋友"的男士邀请他参加一个湖边度假村的落成庆典。

在这里，希尔不仅领略了眼前典雅的建筑，也见到了众多社会名流。接着，他看到了即兴发言的庄园主。

"今天，我首先感谢的就是在我成功的路上，第一个帮助我的人。他就是我20年前的朋友——希尔……"说着，他在众多人的掌声中，径直走到希尔面前，并紧紧地拥抱他。

此时，希尔才恍然大悟。眼前这位名声显赫的大亨欧文，原来就是20年前那位贫困的青年。

酒会上，那位名叫欧文的"青年"对希尔说："当你把我带进你的卧室的时候，我真不敢相信梦想就在眼前。那一瞬间，我突然明白，那张床不属于我，这样得来的梦想是短暂的。我应该远离它，我要把自己的梦想交给自己，去寻找真正属于我的那张床！现在我终于找到了。由此可见，人格与尊严是自己干出来的，空想只会通向平庸，而绝不是成功。"

四

理想不是想象，成功最害怕空想。很多人想法颇多，但大多只是空想，他们年复一年地勾画着自己的梦想，但直至老去，依然一事无成。这是很可怕的。所以说，若想做成一件事，就要先身入其中。在实践中充实自己、展现自己的才能，将该做的事情做好，证明自身的价值，如此你才能得到别人的认可。

所以，要把自己的梦想交给自己，不要停下追逐梦想的脚步，有了蓝天的呼唤，就别让奋飞的翅膀在安逸中退化；有了大海的呼唤，就别让拼搏的勇气在风浪前却步；有了远方的呼唤，就不能让远行的信念在苦闷中消沉。而一旦你停下，再大的梦想也不可能实现。去寻找吧，寻找人生的意义，只要你肯相信，肯追寻，就会有奇迹！

05

成功，拒绝低水平努力

　　有些人一直忙忙碌碌，但最终一事无成，往往是因为他没有注意到自己努力的方向是否正确，结果很可能把精力消耗在了不重要的事情上，白白做了许多无用功。他们在羡慕别人成功的同时，还不知道自己的失误到底在哪里。

最笨的努力是瞎忙

　　所谓瞎忙，表面上看来是热闹非常，其实它使人麻木，使文化退落，因为忙得没意义，在这种忙乱的情形中，人们像机器般地做事，忙完了一饱一睡，或且未必一饱一睡，而半饱半睡。这里，是只有"劳力"，没有自由的人。这种忙乱把人的心杀死，而身体也不见得能健美。

《生命时报》联合互联网进行的一项 1500 余人参加的调查结果显示，52.2% 的人表示"太忙了，几乎没时间休息"，56.6% 的人会习惯性地问朋友"最近你在忙什么"，38.4% 的人表示每天几乎没有休闲时间，32.1% 的人表示不知道都忙了些什么，就是觉得没时间。

这是多数人的现状：每天忙忙碌碌、疲于奔命，却发现没有时间做自己想做的事。还有很多人，"瞎忙""装忙"，陷入了忙碌的陷阱，最终回过头来发现一事无成。

二

有个人因为衣食上的拮据在上帝面前痛哭流涕，诉说着生活的艰苦：累死累活的卖力气，却挣不来几个钱。哭了一阵他开始埋怨起来："这个世界太不公平了，为什么有些人不出什么力气就能大鱼大肉，而我这么勤劳工作却吃不饱穿不暖！"上帝笑了，问他："要怎么样你才觉得公平？"这人急忙说道："要是有人和我在相同的条件下，一起开始工作，他如果还能比我富有，我就没什么可说的了。"

上帝点了点头："好吧！"

话音一落，上帝让一位富人破了产，他现在和这个人一样窘迫。上帝给了他们一人一座煤山，挖出的煤归他们所有，给他们一个月的时间去改变生活。

两个人一起开挖，穷苦人平时习惯了体力活，挖煤对他来说就是小菜一碟，很快，他就挖了一车煤，拉去集市上卖了钱。然后，他把这些钱全都拿去买了美味的食物，给老婆孩子解馋。那个富人之前没干过重活，挖一会儿歇一会儿还累得头晕眼花。到了傍晚才勉强装满一车拉到集市上。他用卖煤的钱买了几个馒头充饥，留下了大部分。

第二天，穷苦人天微微亮就来到了他的煤山，开始挥舞起他粗壮的胳膊。那个富人早早就去了集市，没多久，他带回两个健壮的大汉，这两个人一到煤山就甩开膀子帮富人挖煤，而富人则站在一旁监督着。一天下来，富人运出了好几车煤，他除了给工人开工钱，剩下的钱还比穷苦人赚的钱多几倍。

第二天，富人如法炮制，又雇了几个工人来。就这样，一个月过去了，穷苦人只是刚刚挖开了煤山一角，而富人早就指挥工人挖光了煤山，赚了不少钱，他用这些钱再去投资，不久又发家了。

穷苦人从此再也不抱怨了。

光是忙碌是不够的。问题在于：我们到底在忙些什么？事实上，很多事情上我们都在不知不觉地瞎忙。

只是，我们很少思考：自己忙得都有价值吗？

三

哲人说，在错误的道理上，你越勤奋，越愚蠢。

"忙"这个字，拆开来分析，就是"心亡"，其心盲目，其心茫然。

盲目＋忙碌＝？

盲目＋忙碌＝劳而无功。

所以，人生要有策划。

你最适合做什么？你最想要的是什么？你的长处是什么？

解决了这"一问三不知"的问题后，你就解决了你人生的根本问题，你就在大前提上克服"瞎忙"。

然后，抓住人生中的重点，割舍生命中的冗余，你就不会再那么忙，就会有效率，出成绩了。

遗憾的是，很多人瞎忙一生，也没有悟出这个道理。

把精力花在对的地方

一

有记者采访一位成功的企业家，当问到他成功的秘诀是什么时，企业家说："第一是坚持，第二还是坚持，第三……"记者接过话茬儿道："第三还是坚持吧？"企业家笑笑说："不，第三是放弃。"

此处企业家清楚地阐述了坚守与调整的关系。"坚守"是坚决守卫，不离开亦不改变；为了成功，要坚持不改变。如果没有成功，则是你努力的还不够，需再坚持。如果再努力后还未成功，那么就要想想是不是你努力的方向错了。此时应当改变原来的方向，以适应客观环境和要求，即调整，放弃错误的目标。

二

美国著名幽默短篇小说大师马克·吐温曾热衷于投资，但并不具备经济头脑的他，总是落得一败涂地、血本无归。

马克·吐温的第一次经商活动，是从事打字机投资。那时，马克·吐温已经45岁了。在此之前，他靠写文章积累了点小钱，并有了点名气。一天，一个叫佩吉的人对马克·吐温说："我在从事一项打字机的研究，眼看就要成功了。待产品投放市场后，金钱就会像河水一样流来。现在我只缺最后一笔实验经费，谁敢投资，将来他得到的好处肯定难以计数。"马克·吐温听完，爽快地拿出2000美元，投资研制打字机。

一年过去了，佩吉找到马克·吐温，亲热地对他说："快成功了，只需要最后一笔钱。"马克·吐温二话没说，又把钱给了他。两年过去了，佩吉又拜访了马克·吐温，仍亲热地说："快成功了，只需要最后一笔钱了。"三年、四年、五年……到马克·吐温60岁时，这台打字机还没有研制成功，而被这无底洞吞掉的金钱，已达15万美元之多。

马克·吐温的第二次经商是创办出版公司。马克·吐温50岁的时候，他的名气更大了，他所写的书有不少都成了畅销书。出版商看准这一行情，竞相出版他的作品，因此发财的大有人在。看着自己作品的出版收入大部分落入出版商的腰包，而自己只能拿到其中的1/10，马克·吐温颇有感触。他决心自己当个出版商，出版作品。可是，马克·吐温没有建立和管理出版公司的经验，就连起码的财会知识都不懂，他只好请来30岁的外甥韦伯斯特当公司经理。

马克·吐温出版的第一本书是他的小说《哈克贝利·费恩历险记》。该书一出版，销路就很好。马克·吐温出版的第二本书是《格兰特将军回忆录》，这本书也成了畅销书，获利64万美元。马克·吐温被这两次偶然的胜利冲得昏昏然，他继续扩大业务，但他万万没有料到，韦伯斯特却在此时卷起铺盖一走了之。出版公司勉强维持了10年，最后在1894年的经济危机中彻底坍塌。马克·吐温为此背上了9.4万美元的债务，他的债权人竟有96个之多。

直到这时，穷困潦倒的马克·吐温才认清自己，开始一心致力于写作。然后，他用3年的时间还清了所有债务，并最终成为举世闻名的大文豪。

如果放错了地方，宝物也会变成废物；如果地方对了，看似一无是处之物也有不可替代的价值。假若你所做的事符合自己的目标，并且符合自己的性格、能够发挥自己的优势，那么，困难对你而言就如浮云，把自己的梦想坚持下去，你会得到自己想要的。但如果说这个目标本身是错的，你却仍要奋力向前，而且意志坚定、态度坚决，那么，由此导致的负面后果，恐怕比没有目标更为可怕。

三

人的智能发展总是不平衡的，如果执意在"贫瘠的土地"上耗费精力，就会荒废"肥沃的田野"。

做任何事情，先要了解自己在哪里能实现最大价值，然后再走进那个领域，去实现这种价值。这样才更有可能与机会不期而遇。

歌德在自己20多岁的时候，一直梦想着能够成为一名像达·芬奇那样杰出的画家。为了能够实现这个梦想，歌德曾经一度沉溺于色彩的世界中难以自拔。他为了提高自己的画画水平，付出了艰辛的努力，可是到头来却收效甚微。

一个偶然的机会，歌德到意大利去游玩。当看到那些大师的杰出作品之后，他才如梦方醒：以自己在绘画上的才情，即使是花费了自己这一生的精力，也是很难在画界有所建树的。

从这以后，歌德就毅然决定放弃绘画，把文学作为了自己的主攻方向，最后歌德成功了。

在成功之后，当歌德回顾起自己的成长经历时，总是不忘记告诫那些一时头脑发热的年轻人，千万不要盲目地相信兴趣，一心只知道跟着感觉走。歌德后来感慨地说道："要真正地发现自己并不容易，我几乎花了半生的光阴。"总有一些事情是自己能够做的，而且也能做出一些成绩，可是相对而言，还有一些事情是你永远都不可能做成的，了解这一点，对于我们的成功是至关重要的。

四

我们每个人都有自己特有的天赋与专长，从某种意义来讲，我们每一个人都可以称为"天才"。但是往往只有极少数人能够发现自己的天赋，并且把它充分发挥出来。

可是，对于我们大多数人来说，甚至到了白发苍苍也没能发现自己真正适合去做些什么事情。不难想象，每一天，不知道有多少天才带着他们终生的遗憾离开了人间。

在希腊圣城德尔斐神殿上镌刻的一句著名箴言"认识你自己"。因为当我们认识了自己，也就会认识世界，而且认识自己远远难过认识世界。而我们要想成就一番事业就必须对自己有一个正确的认识，这是最起码的。

不是所有的坚持都有价值

一

如果有些东西费尽心思也得不到，就没有强求的必要，如果有些事情用尽全力也不能圆满，放弃也不会是遗憾。坚持固然重要，但面对没有结果的事情，我们不必抱残守缺，放弃眼前的残局，也许就会出现一条新的道路，而这条新路很可能就是通向成功的大门。

反之，如果方向错了的话，越是努力，距离真正的目标越远。这是考验我们内心的时候。壮士断腕、改弦更张，从来都是内心勇敢者才能做出的壮举。懂得坚持和努力需要明智，懂得放弃则不仅需要智慧，更需要勇气。若是害怕放弃的痛苦，一味抱残守缺，心存侥幸，必将遭受更大的失败。

二

肖龙丽今年30岁，专科毕业后，在一家建筑设计院工作。当初毕业前她来这家设计院实习时，由于勤奋踏实，表现不错，所以尽管设计院当时已经超编，但是院长还是顶着压力聘用了她。由于当时编制所限，只能安排她做资料员，但是院领导多次找她谈话，暗示她这只是暂时的,希望她不要有压力,要多钻研业务,院里缺的是设计精英,并不缺资料员,只要她能表现出自己的实力,一有机会就马上将她调出资料室。可是肖龙丽却不这么看,她觉得自己之所以受到"冷遇",所谓的编制问题只不过是一个借口而已,其实是别人觉得她文凭太低,于是一心想考研究生,甚至还规划好了研究生读完再读博士。

可是现实与理想之间毕竟是有着很大差距的,由于底子太差,肖龙丽连续考了三年都没有考上研究生。这时院领导找她谈话,想鼓励她多钻研点业务,拿出过硬的设计方案来,争取将来能转为设计师。实际上,设计院当时已经有了一个专业设计人员名额,院领导对她真可谓是用心良苦了。但是她权衡来权衡去,觉得还是应该先把硕士学位拿下来再搞业务比较好。她觉得,反正自己已经是设计院的人了,搞业务什么时候都可以,就算再来新人也得在她后面吧,否则自己的专科文凭将使自己在设计院永远抬不起头来。

但是她错了,设计院本来就是一个萝卜一个坑,每个人都要能踢能打,长期放着这么个不出彩的人,不但同事怨声载道,领导也开始着急了。终于有一天,院长非常客气地找她谈话,委婉地表示:设计院虽然有很多人,但每个人在各自领域中都必须具有自己的贡献值和不可替代性,可是她却一点也没有,没有人能长久容忍一个出工不出力的人,所以她从现在起待岗了。

不切合实际的固执带给人的只能是失败,而不是成功。为了事业的成功,或者人生的成功,勇往直前,这本来是件好事,然而一旦选错了方向,又不听别人的劝告,不肯悔改,结果就会与自己的奋斗目标相距越来越远。

三

一个人，有所擅长也必然会有所缺失，没有谁能够十全十美、无所不能，最要紧的是你要有勇气去审视自己的优缺点，对缺点不要百般遮掩，那对你本人没有任何好处，你应去尽力改正它。当然知道自己的优点是什么亦很重要。

"马杜罗，你跟我出来一下。"

自习课上，当同学们聚精会神写作业时，马杜罗却趴在课桌上打瞌睡。他跟在迈克老师后面，无精打采地走出了教室。

"你相信石头会开花吗？"老师的手掌里，躺着一枚光滑的鹅卵石。马杜罗不肯开口说话，只是摇了摇头。两年前，因为一次偶然的患病，他落下了口吃的毛病；因为担心被别人嘲笑，他变得自卑，很少说话，学习成绩也一落千丈。

老师让马杜罗坐下来，拿出一把小巧的工具刀，埋头开始雕刻。很快，石头的上面，出现一朵小花栩栩如生。"你看，石头其实是可以开花的，只不过需要你转变一下思路而已。"老师又说："我知道你一直喜欢看书，好故事应该与大家一起分享。周末的班会上，我希望能听到你的声音……"

马杜罗告别老师时，心情很复杂。回到家里，他开始认真练习，对着镜子纠正自己的发音，一遍，两遍……周末那天，因为口吃总是躲在角落里的马杜罗，居然主动站到讲台上。虽然他紧张得大汗淋漓，说话也不是特别流畅，大家却送给了他最热烈的掌声。

多年以后，大学毕业的马杜罗，早已改掉了口吃的毛病，成长为俊朗的小伙子。酷爱看书的他，梦想成为一名职业作家，整天躲在租来的房子里写文章。不料，所有投出去的稿子，要么毫无音讯，要么收到退信，从来没有一篇能够发表。

那天，马杜罗发现口袋里的钱只能再勉强维持几天的生活了。他怀着沮丧的心情，独自在街头漫步，竟然在街头邂逅了多年不见的迈克老师。与当年不同的是，老师早已经离开课堂，成了一位著名的雕刻家。

当他一口气说出心中的烦恼时，老师微笑着说："你知道我手里那块石头为什么能开花吗？首先，因为我酷爱雕刻，每天所有的业余时间，都用来学习这方面的知识。另外，不管做什么事情，仅有喜欢还不够，更重要的是要适合。就像我，每次将雕刻刀握在手中时，灵感总是如约而至……"

马杜罗倒吸了一口凉气，他想起自己每次写字时的艰难，那种搜肠刮肚的痛苦，忽然就明白了，自己喜欢文字，却只适合当一名读者，而不是一位作者。

不久，马杜罗就按照街头的广告，跑去一家广告公司应聘。一年后，他又成为一名公交车司机。为人谦虚、热情大方的他，受到同事们的尊敬，被选为行业工会领袖。于是，在工作之余，他又多了一项任务，那就是为争取普通工人的权益而奔波。从此，他慢慢步入了政坛，开始了不一样的人生旅程。

四

2012年10月10日，尼古拉斯·马杜罗被任命为副总统！这个消息，像长了翅膀一样，迅速传遍了委内瑞拉的每个角落。几乎所有熟悉马杜罗的人，都不敢相信自己的耳朵：他真的是当年那个口吃的马杜罗吗？会不会搞错？

记者们蜂拥而至，面对他们连珠炮般的提问，马杜罗从容地反问："你们相信石头会开花吗？我信。"说着，他微笑着伸出手来，掌心里躺着的，正是迈克老师当年赠送的那块鹅卵石，隔了这么长的光阴，刻在上面的花朵，依然那么栩栩如生。

我们生命中的很多东西都是与生俱来，甚至是不可逆转的，就像我们的双脚，脚的大小是无法选择的，那我们就应该选取一双适合自己的鞋，换而言之，我们应该努力去寻找适合自己做的事情，而不是把时间和精力用在不适合自己的地方。

不跟风，不盲从

一

倘若你拥有了整个世界，却丢了自我，那就如同把王冠扣在苦笑着的骷髅上。

世界上最可怕的事情就是迷失自我。一旦在盲从中失去了自我，那么，无论如何也是得不到真正的幸福的。只有敢用自己的思想，敢用自己的见解和方法看待事物的人，才容易在创造中获得幸福感并被人们所接受。

思考，而不盲从，人生从这一刻起变得更有深意。

有人向一位商界奇才询问成功秘诀。

"如果你知道一条很宽的河的对岸埋有金矿，你会怎么办？"商人反问那人。

"当然是去开发金矿"，事实上这是大多数人都会不假思索地给出的答案。

商人听后却笑了："如果是我，一定修建一座大桥，在桥头设立关卡收费。"

听者这才如梦初醒。

在任何时候都有自己的主见，不从众、不盲从，没有这种守持，事业根本无从谈起。退一步说，众人观点各异，大家七嘴八舌，我们就算想听也无所适从，其实最明智的方法是把别人的话当作参考，坚持自己的观点按着自己的主张走路，一切才会处之泰然。

20世纪60年代，每个田径教练都这样指导跳高运动员：跑向横竿，头朝前跳过去。理论上讲，这样做没错，显然你要看着跑的方向，一鼓作气全力往前冲。可是有个名叫迪克·福斯贝利的小鬼，他临跳时转身换了个花样，用反跳的方式过竿。当他快跑到横竿时，他右脚落地，侧转身180°，背朝横竿鱼跃而过。《时代》杂志上称之为"历史上最反常的跳高技法"。当然大家都嘲笑他,把他的创举称为"福斯贝利之跳"。还有人提出疑问,"此种跳法在比赛中是否合法"。但令专家懊恼的是,迪克不仅照跳他的,而且还在奥运会上"如法炮制"一举获胜。而现在,这已是全世界通行的跳法。

想要成为一个真正有想法的成功者,首先必须是个不盲从的人。人心灵的完整性不容侵犯,当我们放弃自己的立场,而想用别人的观点去看一件事的时候,错误便造成了。一个人,只要认清自己的立场和观点是正确的,就要勇于坚持下去,而不必在乎别人如何去评价。

没有人能够因为效仿他人而获得成功,即使他效仿的是一个伟大的成功者。越在潮流面前,我们越应该保持自我,看清自己的特长和兴趣,找准自己的方向,才是最重要的。

三

从投资角度来讲,从众心理更不可取。因为"跟风"的结果,只能是永远慢一拍,往往是高投入,却收益甚少,因为大家都在做,市场已经接近饱和。

股神巴菲特对于这种现象给出了警告:"在其他人都投了资的地方去投资,你是不会发财的!"这句话被称之为"巴菲特定律",是股神多年投资生涯后的经验结晶。从20世纪60年代以廉价收购了濒临破产的伯克希尔公司开始,巴菲特创造了一个又一个的投资神话。有人计算过,如果在1956年,若你的父母给你1万美元,并要求你和巴菲特共同投资,你的资金会获得27000多倍的惊人回报,而同期的道琼斯工业股票平均价格指数仅仅上升了大约11倍。在美国,伯克希尔公司的净资产排名第五，位居时代华纳、花旗集团、美孚石油公司和维亚康姆公司之后。

能取得如此辉煌的成就，正是得益于他所总结出的那条"巴菲特定律"。很多投资人士的成功，其实都是因为通晓这个道理。

四

美国淘金热时期，淘金者的生活条件异常艰苦，其中最痛苦的莫过于饮水匮乏。众人一边寻找金矿，一边发着牢骚。一人说："谁能够让我喝上一壶凉水，我情愿给他一块金币。"另一人马上接道："谁能够让我痛痛快快喝一回，傻子才不给他两块金币呢。"更有人甚至提出"我愿意出三块金币！"

在一片牢骚声中，一位年轻人发现了机遇：如果将水卖给这些人喝，能比挖金矿赚到更多的钱。于是，年轻人毅然结束了淘金生涯，他用挖金矿的铁锹去挖水渠，然后将水运到山谷，卖给那些口渴难耐的淘金者。一同淘金的伙伴纷纷对其加以嘲笑——"放着挖金子、发大财的事情不做，却去捡这种蝇头小利"。后来，大多数淘金者均"满怀希望而去，充满失望而归"，甚至流落异乡、挨饿受冻，有家不得归。但那位年轻人的境况则大不相同，他在很短的时间内，凭借这种"蝇头小利"发了大财。

记住，每一个商机出现时，能把握住商机赚到大钱的只是少部分人。不赚钱的永远是大部分人，你跟着这大部分亏钱的投资人，焉有挣钱之理？所以，投资一定要眼光独到，要有自己的方向和规划，要做最早发现商机并赚到大钱的那一小部分人。

不要眉毛胡子一把抓

没有重点的思考，等于毫无主攻目标的进攻，辛苦一场，到头来却毫无收获。

妻子要在客厅里挂一幅画，请丈夫来帮忙。画已经在墙上扶好，正准备钉钉子，丈夫说："这样不好，最好钉两个木块，把画挂在上面。"妻子遵从他的意见，让他帮着去找木块。

木块很快找来了，正要钉，丈夫又说："等一等，木块有点大，最好能锯掉点。"于是他便四处去找锯子。找来锯子，还没有锯两下，丈夫又说："不行，这锯子太钝了，得磨一磨。"

他家有一把锉刀，锉刀拿来了，他又发现锉刀没有把柄。为了给锉刀安把柄，他又去花园边上的一个灌木丛里寻找小树。要砍下小树时，他又发现那把生满老锈的斧头实在是不能用了。他又找来磨刀石，可为了固定住磨刀石，必须得制作几根固定磨刀石的木条。为此他又跑到外边去找一位木匠，说木匠家有现成的。然而，这一走，半天也没见他回来。当然了，那幅画，妻子还是在墙上一边钉了一个钉子把它挂在了墙上。下午妻子出去买菜的时候见到了丈夫，他正在街上帮木匠从五金商店里往外搬一台笨重的电锯。

这个丈夫思考问题的习惯存在很大问题：没有重点，想到什么就做什么。他看似忙忙碌碌，一副辛苦的样子，其实，他也不知道自己在忙什么。生活中，一些人也存在着类似的问题：他们不知道该把精力放在哪一方面，头脑里一片混乱，做事没有成效。

其实正确的思维方法包含了两项基础：第一，必须把事实和纯粹的资料分开；第二，事实必须分成两种，即重要的和不重要的，或是有关系的和没有关系的。

在达到主要目标的过程中，你能使用的所有事实都是重要而有密切关系的，而那些不重要的则往往对整件事情的发展影响不大。某些人忽视这种现象，那么机会与能力相差无几的人所作出的成绩就大不一样。

那些有成就的人都已经培养出一种习惯，就是找出并设法控制那些最能影响他们工作的重要因素。这样一来，他们也许比起一般人来会工作得更为轻松愉快。由于他们已经懂得秘诀，知道如何从不重要的事实中抽出重要的事实，这样，他们等于已为自己的杠杆找到了一个恰当的支点，只要用小指头轻轻一拨，就能移动原先即使以整个身体和重量也无法移动的沉重的工作分量。

很多人本来可以有所作为，但却因习惯思考问题时眉毛胡子一把抓，把精力白白浪费掉了，所以我们一定要养成重点思维的习惯，这样才能提高效率，更好地处理各种问题。

三

美国伯利恒钢铁公司总裁查理斯·舒瓦普向效率专家艾维·利请教"如何更好地执行计划"的方法。艾维·利声称可以在10分钟内就给舒瓦普一样东西,这东西能把他公司的业绩提高50%,然后他递给舒瓦普一张空白纸,说:"请在这张纸上写下你明天要做的几件最重要的事。"舒瓦普用了5分钟写完。艾维·利接着说:"现在用数字标明每件事情对于你和你的公司的重要性的次序。"舒瓦普又花了5分钟。艾维·利说:"好了,把这张纸放进口袋,明天上车第一件事是把纸条拿出来,做第一项最重要的事情。着手办第一件事,直至完成为止。然后用同样的方法对待第二项、第三项,直到你做完为止。如果只做完第二件事,那不要紧,你总是在做最重要的事情。"艾维·利最后说:"每一天都要这样做,您刚才看见了,只用10分钟时间。如果你相信这种方法有价值的话,让你公司的职员也这样做。这个试验你做多久都可以,然后给我寄支票来,你认为值多少就给我多少。"一个多月以后,艾维·利收到了舒瓦普寄来的一张2.5万美元的支票和一封信。信上说,那是他一生中最有价值的一课程!

5年之后,这个当年不为人知的小钢铁厂一跃而成为世界上最大的独立钢铁厂!

主要事情与次要事情泾渭分明,直奔主题,这的确是很多成功的经验之一。其实但凡有思想的人在做事时,都能够分出轻重缓急,他们不会在鸡毛蒜皮的小事上纠缠不休,否则既浪费了时间精力,又延误了重要的事情。生活中，很多人正是因为缺少分辨轻重缓急的能力，所以做事不得要领，从而导致做起事来效率极低。将事情分出轻重缓急来，择其重点而优先处理，这是避免自己过于忙碌的一个重要原则。

别把自己"养在深闺里"

一

在很多人的意识里，"是金子，总会发光的""酒香不怕巷子深"，因此，很多人都认为只要自己努力做事，就会有出头之日；只要自己付出努力，就能得到相应的回报。然而，事实真的是这样吗？

韩愈在《马说》中这样写道："世有伯乐，然后有千里马。千里马常有，而伯乐不常有；故虽有名马，只辱于奴隶人之手，骈死于槽枥之间，不以千里称也。"人们常用千里马来比喻人才，然而千里马遇不到伯乐的下场是什么呢？非常凄惨：辱于奴隶人之手，骈死于槽枥之间，不以千里称也，不受重视、不得重用，生前无功，身后无名。

所以说，人才不能只被动地等待别人来发现自己，不能羞于表现自己，否则，即使你有日行千里的能力，伯乐也不知道。即使伯乐站在你面前，如果你不表现一下，只是羞答答地卧着，他也不知道你能不能跑，那你就不要埋怨别人让你做拉车拉磨的工作了。

有个小伙子，大学毕业后到一家大企业应聘，却因为种种原因错过了面试时间。这个大学生很喜欢这份工作，因此，他并没有就此放弃，他直接找到了人事部经理，希望对方能再给自己一次机会。

人事部经理十分欣赏年轻人的胆量和自信，决定亲自对他进行面试。听完年轻人非常自信的自我介绍后，人事部经理面有难色地说："对不起，我们的招聘有两个条件——硕士学历和两年的工作经验，可惜你都不符合要求。"

年轻人听了却没有气馁，仍然微笑着说："我虽然没有工作经验，但大学时，我在学校担任过学生会主席，组织同学们开展过很多活动，勤工俭学时做过日用品直销员、兼任过报刊特约记者，实习时也在广告公司从事过文案工作，并受到了领导多次表扬……我相信自己完全能胜任这一份工作。"说完便递上精心设计的求职材料。

人事部经理认真地看过年轻人递过来的材料之后，很遗憾地说："你的确很优秀，可是我们公司是有规定的。公司规定要硕士及以上学历，真的很抱歉。"

就在年轻人决定起身离去时，他再一次鼓足勇气做了最后的尝试。他对人事部经理说："文凭仅仅是代表一个人受教育的程度，并不能真正代表一个人的能力。我相信贵公司要的是能为公司谋利的人才，而不仅仅是硕士文凭。"

人事部经理足足凝视了年轻人20秒钟，最后他终于说道："年轻人，就冲你这份勇气，你被录用了。"

美国成功学家戴尔·卡耐基曾说过："不要怕推销自己，只要你认为你有才华！"在我国，也有毛遂自荐的故事，把自己推销给老板，才有了发挥才能的机会，否则，被埋没的可能性就很大。

三

诚然，含蓄是一种不错的品性，但太含蓄，可能就真的要怀才不遇了。现代社会，人才辈出，竞争激烈，不懂得推销自己，就会成为人才海洋中那不起眼的一滴。

其实，任何人都是一座金矿，只要你懂得开发自己的长处，懂得展示自己的优势，你就是一块闪闪发光的金子。

当年，新加坡旅游局给总理李光耀打了一份报告。这份报告的大意是说："我们新加坡要想发展旅游业很难。因为，我们没有什么旅游资源，不像埃及有金字塔和尼罗河，也不像中国有万里长城和兵马俑，不像日本有富士山和樱花。我们除了一年四季直射的阳光，什么名胜古迹都没有，巧妇难为无米之炊，要发展旅游事业，真的很难。"

李光耀看过报告之后非常气愤，他在报告上批了一行字："你想让上帝给我们多少东西？阳光，有阳光就够了！"

后来，新加坡真的凭借阳光发展起了旅游业。因为阳光充足，他们大量栽树、种花、植草，在很短的时间里，把新加坡发展成为世界上著名的"花园城市"，旅游业收入连续多年稳居亚洲前三位。

阳光就是新加坡的金子，有了阳光，新加坡也就成了金子，在旅游业中大放光彩。同样，只要找到自己的优点和长处，你就可以自豪地说："我也是一块金子！"你就可以大胆地展示自己的光芒，打造自己的金色人生。

21世纪，我们需要学会推销自己，就像乡下的货郎，他们生意的好坏，往往取决于叫卖的吆喝声，若能吆喝得声情并茂，吆喝得响亮好听，就会吸引更多的人来买，生意就会更上一层楼。人才就像美女，若是只懂得孤芳自赏，或者"幽居在空谷"，就只能落个"养在深闺人未识"的下场。

这个世界上千里马很多，而伯乐不常有。所以，不要再习惯等待，不要再一味相信自己在哪里都能发光，没有用武之地的人生注定是一种悲哀。如果你是千里马，一定要学学毛遂，主动找到伯乐，告诉他："我是千里马，我跑给你看！"

06 ▶

你并没有太多时间给自己，尽管时间都是你的

> 时间最不偏私，给任何人都是 24 小时；时间也最偏私，给任何人都不是 24 小时。没有时间观念的人，可能有一天你回首过去，才发现自己真的白活了。

两种没有时间的活法

今天，是我们余下生命的第一天。对于人生来说，一天也不能够虚度。

如果有这样一家银行，每天早晨，它会把 86400 美元存入你的账户，但是账户每天的余额不能累计，就是说，不管你花多少，到了晚上，银行会自动把你当天没用完的钱全部勾销。这样的话，你会怎么

办？很明显，所有人都会选择把钱花得一分不剩。其实，我们的生命中就有这样一家银行，它的名字叫时间。

每天，我们都会得到86400秒的时间，每晚，我们因无所事事而虚度的时间都会从生命中被扣除，除非你把它花得一分不剩。没有被合理利用的时间无法累积到以后使用，时间也不能够透支。若是我们没有充分利用好当天的时间，损失是自己的。想要将损失减到最轻，我们就要充分地利用今天，使自己最大程度地获得健康、幸福和事业成功。

二

然而，却有很多人一边挥霍浪费着时间，一边说，"我没有时间"。人们总是把它作为没有完成或未能完成好工作的借口。他们没有意识到，正是这句话，使让自己离成功越来越远。

夏芒从小就喜欢绘画，他确实很有天分，幼时就有"神童画家"之称，从那时起，他心里就有了当画家的梦想。可是日复一日年复一年，他一直没有时间：他先是忙于考一个好大学，毕业后又忙着找一份好工作，工作后又着急找一个好老婆，然后又忙着努力生一个好儿子，现在，他每天最忙的是应酬，每天忙得焦头烂额。

那天，为了找一份资料，他在家里翻箱倒柜，不经意间看到了小时候参加绘画比赛赢得的一摞获奖证书。看着褪了色的证书，想起年少时的梦想，夏芒心里一阵悸动，最后他无奈地叹息道："我没有时间啊！不然我一定能成为一个不错的画家。"

有一天，他在街头偶遇一位老友，那是他小学时美术班的同学，虽然多年未见，但夏芒还是一眼就认出了他。因为这个昔日同窗早已成为国内颇有名气的画家，他经常能够在报纸或媒体网络平台上看到关于他的报道。两人聊起当年往事，心里都很有感触。

夏芒邀画家去喝酒，准备在酒桌上再好好聊一聊，画家谢绝了他："我还有作品要画，没时间和你多聊了。"说完，匆匆告别而去。看着朋友远去的背影，夏芒心里五味杂陈。当年在美术班，夏芒画得远比这个同学好，如今时过境迁，自己却在画画方面一事无成。

如果夏芒，早一点看到世界织布业的巨头威尔福莱特·康的故事，也许他早就知道自己该怎么做了。

三

威尔福莱特用40年时间打造了自己的织布王国，平时工作之忙可想而知。他也是个绘画爱好者，但因为太忙，一直抽不出更多的时间来发展这项爱好。

眼见自己一天天老去，威尔福莱特突然觉得自己除了挣钱以外什么都不会。他开始懊恼，终于下定决心："无论多忙多累，每天必须抽出一小时画画。"

为了保证这一小时不受干扰，他每天不到5点就起床，一直画到吃早饭。几年以后，威尔福莱特压缩时间所积累起来的成果令人吃惊。他的油画在画展上大量出现，其中有几百幅画被高价买走。他还多次举办了个人画展。

哲学家费尔德曾精辟地说："成功与失败的分水岭可以用5个字来表达——我没有时间！"

夏芒没有成为画家的理由是没有时间，而他同学成为画家的理由也是没有时间。不同的是，夏芒是没有时间为梦想而努力，而他的同学是没有时间去做梦想以外的事情，这样，就造成了截然不同的人生。其实，夏芒还是有机会的——就像威尔福莱特那样。

对于理想来说，只有把它变成脚下的路和生命的一部分，你才能实现它。人生说短不短，长寿者亦能活到百岁；说长不长，弹指一挥间。只是，青山遮不住，毕竟东流去，若是待走到生命的终点，才后悔所走过的人生，就为时已晚了。与其到那时后悔，不如今天为你所期待的生活多做一点，至少回首的时候苦乐参半，眼泪与笑脸并存。少一分遗憾，多一分回味。

别扔掉时间的"边角料"

我们每天生活和工作中有很多零碎时间，不要认为这种零碎时间只能用来例行公事或办些不太重要的杂事。最优先的工作也可以在这少许的时间里来做。如果你照着"分阶段法"去做，把主要工作分为许多小的"立即可做的工作"，那么你随时都可以做些费时不多却重要的工作。

因此，如果你的时间被那些效率低的人影响而浪费掉了，请记住：这是你自己的过失，不是别人的过失。

二

美国近代诗人、小说家和出色的钢琴家爱尔斯金善于利用零散时间的方法和体会颇值得借鉴。他写道：

"其时我大约只有14岁，年幼疏忽，对于卡尔·华尔德先生那天告诉我的一个真理未加注意，但后来回想起来真是至理名言，我就得到了不可限量的益处。"

"卡尔·华尔德是我的钢琴教师。有一天，他给我教课的时候，忽然问我：每天要练习多长时间？我说大约三四个小时。"

"你每次练习，时间都很长吗？是不是有个把钟头的时间？"

"我想这样才好。"

"不，不要这样！"他说，"你将来长大以后，每天不会有长时间的空闲的。你可以养成习惯，一有空闲就几分钟几分钟地练习。比如在你上学以前，或在午饭以后，或在工作的空余时间，5分钟、5分钟地去练习。把小的练习时间分散在一天里面，如此弹钢琴就成了你日常生活中的一部分了。"

"当我在哥伦比亚大学教书的时候，我想兼从事创作。可是上课、看卷子、开会等事情把我白天晚上的时间完全占满了。差不多有两个年头我几乎不曾动笔，我的借口是没有时间。后来才想起了卡尔·华尔德先生告诉我的话。到了下一个星期，我就把他的话实践起来。只要有 5 分钟左右的空闲时间我就坐下来写作 100 字或短短的几行。"

"出乎意料，在那个星期的终了，我竟写出了相当的稿子准备自己来修改。"

"后来我用同样积少成多的方法，创作长篇小说。我的教授工作虽一天比一天繁重，但是每天仍有许多可供利用的短短余闲。我同时还练习钢琴，发现每天小小的间歇时间，足够我从事创作与弹琴两项工作。"

三

极短的时间如果能毫不拖延地充分加以利用，就能积少成多地供给你所需要的长时间。

小额投资足以致富的道理显而易见，然而，很少有人注意，零碎时间的掌握却足以叫人成功。在人人喊忙的现代社会里，一个越忙的人，时间被分割得越细碎，无形中时间也相对流失得更迅速，其实这些零碎时间往往可以用来做一些小却有意义的事情。例如袋子里随时放着小账本，利用时间做个小结，保证能省下许多力气，而且随时掌握自己的经济情况。常常赶场的人可以抓住机会反复翻阅日程表，以免遗忘一些小事或约会，同时也可以盘算到底什么时候该为家人或自己安排个休假，想想自己的工作还有什么值得改进的地方，尝试给公司写几条建议等。只要你善于利用，小时间往往也能办大事情。

利用时间的"边角料"，其中有一个诀窍：你要把工作进行得迅速，如果只有 5 分钟的时间给你写作，你切不可把 4 分钟消磨在咬你的铅笔尾巴上。思想上事前要有所准备，到工作时间来临的时候，立刻把心神集中在工作上，迅速集中脑力。不要使5分、10分钟随便过去，因为我们的生命是完全可以从这些短短的闲歇闲余中获得一些成就的。

每一分钟都能与众不同

人的生命，其实就像费用即将用完的手机提示一样，也在被倒计时。但是，你并不知道自己的生命还能延续多久。如果还有一分钟，只有一分钟，你会不会竭尽所能去弥补生命中的遗憾。倘若我们能把每一分钟都当成生命的最后一分钟，人生就会少很多遗憾。

5岁的时候，爸爸带着全家搬到香港，他进入当地一所小学读书。他实在是个顽皮的家伙，上学第一天就把同桌女生的辫子给剪了。校长大怒，罚他打扫卫生一周，他却趁机跑到学校的后山偷桃子吃。他父亲不得已只得到学校替他道歉。

13岁那年，他对武术着了迷，只要一有时间就会加紧练习。16岁时，为了替班上一个女生讨回公道，他对一群混混大打出手，伤了两人，因此被勒令退学。出了这事以后，他决定去美国求学。父亲指着他房间里的一个大沙包说:"等到你能在1分钟之内把它打破的时候,你就能走。"他惊讶得眼睛瞪得溜圆。

"就1分钟。"父亲笑着说,"对别人来说也许要用很长时间,但你只能用1分钟。如果你想要与众不同。"

他认同了父亲的话,接下来便是疯狂的训练,他很清楚,自己的命运,将在1分钟内被决定。3个月后,父亲为他按下秒表,他一拳又一拳地击打在那个新沙包上,突然,"砰"的一声,沙子飞出,他成功了,如愿以偿地去了西雅图,并且开设了一家武馆。

二

而立之年,他已武艺超群,名声在外,不过在影视界,他只是个新人,他虽然进了好莱坞,发展得却并不怎么样。在他郁郁不得志的时候,有人将他引荐给大导演罗维,罗维对他在美国的种种事迹早有耳闻,对这位才华横溢的年轻人很是欣赏,有心让他出演自己新电影里的男一号。但是这个决定遭到了制片方和相关人士的一致反对,毕竟这是一部凝聚了大家数年心血的新作,让一个从没在圈里证明过自己的新人做主演,大家都接受不了。

为了说服众人,罗维特意让他来公司面试。当着大家的面,罗维把剧本扔给他,问他:"参透这个剧本需要多少时间?"他严肃而认真地回答:"1分钟。"众人露出不屑的眼神,觉得他是在哗众取宠。他笑了笑,接着说:"是这样的,如果别人遇到这事儿,可能会说需要一周或是几周,但我只能要求自己用1分钟解决。我的父亲曾教导我:要想与众不同,就必须把别人的1分钟当成自己的一辈子来慎重对待。"

接着，他在众目睽睽之下拿出一直随身携带的秒表，开始计时。1分钟后，他来了一段即兴表演，虽说表演内容与剧本有出入，但却把主角的性格演绎得活灵活现。

他就是李小龙，这部电影就是《唐山大兄》，该影片上映两周就创下了200万港币的票房纪录，这在香港电影史上还是第一次。

三

人一出生，就注定是走向死亡的过程，概莫能外。只是死的时候，你是否可以说，我这一生过的很有意义？掐指一算，人这辈子精力充沛的时间并不长，如果不趁机充实生命的内涵和价值，那么生命留给我们的将只是空虚、遗憾和悔恨。生命，它给了我们选择的机会和时间，也让我们必须认真思考应该怎样生活。

生命是严肃的，人生中最宝贵的那段时光必须认真地对待，我们无法用现在的表象来预告将来的生活，我们能够做的是用现在的努力和付出，来夯实将来生活道路的基石。当然，我们可以也应当尽情感受生活的愉悦和欢乐，因为这是生命赋予我们的权利，但同时别忘了想一想，我们准备好了吗，我们安排好自己的生活了吗，我们安排好这一天的时间了吗？因为这也是生命对我们的要求。

平心而论，1分钟和一辈子的差距何止千万倍，但只要我们把每1分钟都当作能够改变自己一辈子的事情来慎重对待，那么还有什么事情不能完成，还有什么抱负不能实现呢？

善用时间才能事半功倍

生命是有限的，但正是这有限的生命才能够赋予人生不同的意义。倘若生命无限存在，反倒失去了原本的价值。充分利用时间，才能使有限的生命创造出更多价值。

一个人能做更多的事，并不一定是比别人拥有更多的空闲时间，而是比别人使用时间更有效率。成功或是失败，很大程度上取决于你怎样去分配时间，一个人的成就有多大，要看他怎样去利用自己的每一分时间。

A 与 B 同住在乡下，他们的工作就是每天挑水去城里卖，每桶 2 元，每天可卖 30 桶。

一天，A 对 B 说道："现在，我们每天可以挑 30 桶水，还能维持生活，但老了以后呢？不如我们挖一条通向城里的管道，不但以后不用再这样劳累，还能解除后顾之忧。"

B 不同意 A 的建议："如果我们将时间花在挖管道上，那每天就赚不到 60 块钱了。"二人的想法始终未能达成一致。于是，B 每天继续挑

30桶水，挣他的60元钱，而A每天只挑25桶，用剩余的时间来实现自己的想法。

几年以后，B仍在挑水，但每天只能挑25桶。那么A呢？——他已经挖通了自来水管道，每天只要拧开阀门，坐在那里，就可以赚到比以前多出几倍的钱。

其实很多人正和B一样。他们在工作中懒懒散散，每天眼巴巴地看着钟表，希望下班时间早点来到，结束这"枯燥""乏味"的工作；回到家中，他们依然如故，除了洗衣、做饭、吃饭、睡觉，以及必要的外出，几乎就等待新一天的到来。他们得过且过，眼中只有那"60元"钱，不断在时光交替中空耗生命。但他们却丝毫不知，自己正在浪费生命中最珍贵的东西。

很显然，我们需要有效地应用时间这种资源，以便我们有效地取得个人的重要目标。需要注意的是，时间管理本身永远也不应该成为一个目标，它只是一个短期内使用的工具。不过一旦形成习惯，它就会永远帮助你。

一个人的成就取决于他24小时做了哪些事情。不会计划安排时间的人，很容易事倍功半。

绝不让一分钟白白浪费

我们总在以"明日复明日，明日何其多"的心态生活，于是时光匆匆流过，光阴荏苒，回首往事却遗憾颇多。如果不想这样过一生，那就要从这个已经习惯的不良心态改起。然而说得容易，当你还有明天的时候，你往往会原谅自己今天的拖延。

在哈佛大学，教授们会时常提醒学生们要做好时间管理，不能浪费一分一秒，并列举如下事例：

杜邦公司的总裁格劳福特·格林瓦特，每天都会挤出一小时来研究蜂鸟，并用专门的设备给蜂鸟拍照。权威人士把他写的关于蜂鸟的书称为"自然历史丛书中的杰出作品"。

休格·布莱克在进入美国议会之前，并未受过高等教育。但他不管工作多么忙，每天都会挤出一小时到国会图书馆去阅览政治、历史、哲学、诗歌等方面的书籍，从未间断。后来，他成了美国最高法院的法官。

希腊人尼古拉原本只是个电梯维修工，但他对现代科学很感兴趣，每天下班后到晚饭前的一个小时时间，他都用来研读核物理学方面的书籍。日久天长，随着知识的积累，他提出了建立一种新型粒子加速器的计划。这种加速器比当时其他类型的加速器造价便宜而且更强有力。他把计划书递交给美国原子能委员会做试验，又再经改进，这台加速器为美国节省了 7000 万美元。尼古拉得到了 1 万美元的奖励，还被邀请到加州大学放射实验室工作。

时间是最公平合理的，它从不多给谁一分。勤劳者能让时间留下串串果实，懒惰者只能让时间留下一头白发，两手空空。时间是一笔财富，但财富却不能买到时间。利用时间者会得益，而虚度光阴者只会对自己有害无益。

每天，当早晨的一缕阳光照进房间，你是否应该反省一下自己有没有虚度光阴？

真希望我们都能好好珍惜所拥有的一切，不要让岁月蹉跎，不要让时间被挥霍。事实上，大部分成功者都是在别人荒废时间时崭露头角的。

一切，都从今天开始

昨天不能换回来，明天还不确定，而确有把握的就是今天。今日一天，当明天两天。

人生能否获得成绩，重点不在于你能否观察过去、前瞻未来，而在于你是否能够把握住现在。与其瞻前顾后，莫不如好好把握今天。

一位哲学家周游世界，途经沙漠时，发现一座荒废已久的废城。哲学家有些疲惫，便顺手搬过一座石雕坐了下来。

他望着被历史淘汰的城池，想象着这里曾经的繁荣，不由得发出一声感慨。

忽然，一个声音响起："先生，你在感叹什么？"

他急忙四下望去，却毫无人影。正在哲学家疑惑之际，那个声音再次响起，哲学家发现声音竟然来自一尊"双面神"石雕。

哲学家从未见过双面神，于是好奇地问："你为何会拥有两副面孔？"

双面神回答："拥有这两副面孔，我才能一面观察过去，从失败中吸取教训；一面遥望明天，憧憬美好的未来。"

哲学家闻言，感慨道："过去无非是今天的逝去，已然无法挽留，而明天尚未到来，即便你能洞悉过去和未来，又有什么实际意义呢？与其瞻前顾后，倒不如把握今天。"

双面神听后失声痛哭："听君一席话，我才知道自己沦落至此，一点都不冤啊！"

"此话怎讲？"

"很久以前，我负责驻守这座城池。我自认为能够洞悉过去和将来，所以不把今天放在眼里。结果，城破，一切辉煌都成了过眼云烟，而我，也被人们弃于废墟之中。"

"少年易学老难成，一寸光阴不可轻。未觉池塘春草梦，阶前梧叶已秋声。"世界上最宝贵的就是"今"，最容易丧失的也是"今"，因为它最容易丧失，所以它更宝贵。

二

人，不能活在过去中，否则就会自觉不自觉地阻塞自己的心智，限制智慧的发挥，最终变成一个抱残守缺的人；人，需要思考明天，憧憬明天，却不能一味地期待明天，希冀、渴望不能使梦想变成现实，我们不去播种和灌溉，哪会有丰硕的果实？将未来寄予"等到我如何如何的时候，我再怎样怎样"，我们不知会失去多少可能的幸福。

明天是未来的，它取决于你为他留下点什么。把握住今天，才能拥有明天。

他抱负甚大，总觉得自己天生就应该出人头地，他一直在等待一个出人头地的机会，只是这机会似乎一直没有到来，他心里压抑得很。

那天，他去探访自己的老师，想向他请教一些人生问题。

"老师，您说人的一生中哪一天最重要？是生日还是死日？是恋爱开始的那一天，还是事业成功的那一天？"他问。

"都不是，生命中最重要的是今天。"老师毫不犹豫地回答。

"为什么？"他不明所以，"今天发生了什么非常重要的事情了吗？"

"今天什么也没有发生。"

"那今天重要是因为我的来访吗？"

"即使今天整日无人登门，今天仍很重要，因为今天是我们拥有的唯一财富。不管昨天发生了什么，多么值得回忆和怀念，它都像已经掉进海底的钻石，寻不回来；明天不论多么辉煌，它都还没有到来；

而今天就算再平常，它都在我们手里，由我们支配。"

他刚要插话，老师抬手制止，收住了话头："在谈论今天的重要性时，我们已经浪费了我们的'今天'，我们拥有的'今天'已经减少了许多。"

他若有所思地点点头，辞别而去。他似乎已经知道自己该怎么做了。

人要享受幸福，就要珍惜今天，珍惜此时此刻。对我们每个人来说，今天是唯一的资本，也是唯一的机会。不管你是否察觉，生命一直都在前进，许多人，你原想以后对他好些，谁知一转身就成了路人；许多事，在你还不懂得把握之前，转眼就成了故事。遗憾的事情一再发生，你难道还不惊醒？别总困于昨天，莫只活在明天，把握今天才是你当下最该做的事情。

三

事实上，我们常常让一天的时间在不知不觉中溜走，而时间的浪费是很难被察觉到的，有的时候一天下来，你所完成的事情往往还不及预期中的一半。但凡说"从明天开始"的东西，其实大多是不能相信的。走好每一天的路才是最重要的，因为我们不知道明天将会发生什么。

安东尼·吉娜是目前"百老汇"中最年轻、最当红的演员之一，她在美国著名脱口秀节目《快乐说》中，讲述了自己的成功经历。

几年前，吉娜还只是大学艺术团里一个小有名气的歌剧演员而已，不过那时的她就已经向人们展示了一个璀璨的梦想：等大学毕业以后，先去欧洲玩一年，然后去百老汇，在那里成为一个优秀的主角。

毕业那天，吉娜的心理学老师找到她，毫不客气地问道："你旅欧后去百老汇和毕业后就去有什么区别？"吉娜闻言一震，心想："是呀，去欧洲玩对我争取到百老汇的工作机会并没有任何帮助。"于是，吉娜当即决定，一个月后就去百老汇找机会。然而，老师继续穷追猛打："你现在去跟一个月以后去有什么差别？"吉娜表示，自己准备一下，下星期就出发。老师却仍步步紧逼："百老汇什么生活用品买不到？为什么非要准备到下个星期？"

吉娜眼泪汪汪地说："老师，我现在就去。"老师赞许地点点头，说："我马上帮你订机票。"当天夜里，吉娜就飞赴纽约，第二天一早又急忙赶到了百老汇。当时，百老汇的制片人正在酝酿一部经典剧目，有来自全国的数百名演员应征主角。

吉娜用了点小心思，从一个化妆师那里拿到了将排的剧本。此后两天，吉娜将自己关在住处闭门苦读，一遍又一遍地演练。竞选的时候，其他应征者都按常规介绍着自己的表演经历，吉娜标新立异，要求现场表演那个剧目的念白。最终，凭借着精心准备吉娜出奇制胜，顺利进入百老汇，穿上了她演艺生涯的第一双红舞鞋。

如果把今天的计划推到明天，把明天的计划推到后天，一天一天地推下去，我们精心制订的计划就永远不可能得到实现。生活中每个人都把理想当作太阳，不同的只是，有人沐浴着温暖悠闲地晒着太阳，有人却在烈日之下如饥似渴地疾步前行。而开启梦想之门的钥匙，常常就躺在前行的路上，如果你耽于瞻望和等待，理想就永远只能是一轮止于仰望的太阳。

07

努力到无能为力，拼搏到竭尽全力

> 每一个努力的人都能在岁月中破茧成蝶，你要坚信，有一天你将破茧而出，成长得比自己想象得还要美丽。如果有一天，你的努力能够配得上你的梦想，那么，你的梦想也绝对不会辜负你的努力。

现在的舒适或是将来的不适

这个世界上有两种人，一种是强者，一种是弱者。强者给自己找不适，弱者给自己找舒适。

每个人或多或少都有自己的舒适区，有心理上的，也有生活上的。这个区域的确给人们提供了某种稳定和安全，也可以说，一直在这个区域就不用担心生活的风险，按部就班也可以缓慢进步，所以很多人习惯舒适区，渴望舒适区，千方百计地想进入舒适区。

文静最近想离职。父母希望她回家乡找一个"铁饭碗"来捧。对于她父母来说，在离家近的地方捧着"铁饭碗"，远比在深圳一家创业公司来得靠谱，她因此动摇了。

文静其实是个很有能力的女孩，是公司重点培养的对象，公司不仅打算重用她，还打算在年后对她的薪酬待遇做大幅提升调整，当她提出离职回家的时候，他的上司感到非常遗憾和惋惜。

"铁饭碗"热，热的不是职业的前景和发展，而是职业的舒适与稳定。

很多人，在已经没有前景的岗位上一干就是几十年，每个月领着固定的薪水，重复着早已熟练到形成肌肉记忆的工作，斗志尚有一丝残存的人可能会放手一搏，离开并来一次轰轰烈烈的创业，或是另求发展在新的职业领域大干一场。而大部分人，早已成了被温水慢煮的青蛙。

如果你现在所做的这份工作，几十年后也是这种状态，你还愿意做吗？

——那些有追求的人可不愿意。

陈天桥出生在一个环境优越的家庭，从小聪明伶俐，又勤奋好学，是父母老师、亲朋好友眼中的好孩子。高考，他考入复旦大学，因为成绩非常突出，提前一年毕业，分配到上海一家大型国企。第一年，他在基层埋头苦干，默默无闻；第二年，他一鸣惊人，升任集团下属分公司的副总经理，21岁的副总经理，在上海这亦是个不小的新闻；

第三年，他一飞冲天，做到了集团董事长的秘书。一年一个样，三年大变样，这简直是职场奇迹。才华出众，年轻有为，没有人会怀疑，如果他在这条道路上继续走下去，前途无可限量。

可是，他的梦想远不止此，就在事业一帆风顺之时，他毅然决定辞职，要去证券公司工作。临走之前，有朋友好意提醒他："单位马上要分房子了，等分到了房子你再走不迟。"能在上海拥有一套属于自己的房子，是不少年轻人毕生奋斗的理想，那时他参加工作还不到几年，如果能分到房子，是无比幸运的事情。可他却不以为然，"难道我这辈子还挣不到一套房子？"一句话掷地有声，铿锵有力，朋友无言以对。燕雀安知鸿鹄之志，区区一套房子绑不住他梦想的翅膀。

由于赶上了中国股市的大牛市，他果断出击，很快掘到了人生第一桶金——50万元，不菲的数字，这又是一个骄人的成绩。一路走来，他的人生轨迹近乎完美无缺，那时完全可以找个安稳的工作，安心享受生活。可是那颗与生俱来永不安分的心，让他无法停下脚步，他野心勃勃地开始寻找下一个人生目标，准备创办网络公司。那时正是互联网的冬天，又有好心人劝他："你要懂得知足常乐，现在搞网络几乎不可能成功。"他偏不信。

于是在一间不足10平方米的小屋里，他投入全部家产，创立了盛大网络公司。从此一发不可收拾，他的人生传奇连番上演。短短5年时间，他的个人财富以近乎"光速"飙升！一举登上中国大陆首富宝座，又一次颠覆了人们的想象。

愿意逃离舒适区的人，必然具有远大目标，有足够底气，还有决心和毅力。当他们脱离习惯生活，在挑战中重新塑造自己时，他们的观念、性格、头脑都随之改变，他们要去适应多变的社会，不断丰富自我经验，为的是取得最后的胜利。

三

看来，逃离舒适区并不是坏事，它可能会给你带来一些打击，也可能是巨大的成绩。

你也看到，有些人背景无奇学历平庸，最后却能成为打工皇帝或是亿万富翁；有些人条件不错资质挺好，最后却成为不文不武碌碌之辈。原因就在这里。

你的每个选择，决定了你20年后的生活。你选择了舒适，很大程度就远离了创造更大价值的可能。很多待在舒适区不肯迈出来一步的人，最终等待他们的却是残酷的优胜劣汰。

展翔是深圳某创业公司的核心成员，现在公司发展得很不错，他们的目标是5年之内跻身于大型企业行列。创业之前，展翔在老家七台河的一家银行里工作，薪资和各方面的待遇都不错，他辞职的时候，很多人都取笑他是个傻子，父母也因此对他很不满意。

最近他听说，银行在他离开后的第二年就开始变相裁员，银行数据指标压力又大，根本完不成，福利待遇一再被压缩。展翔问了一下以前的上司，原来很多银行都采取了类似的措施。

银行可能是很多年轻人盼望去的好地方，如今舒适也没了保障，谁也不知道，下一个被裁的是不是自己。

做事就应该未雨绸缪，居安思危，这样在危险突然降临的时候，才不至于手忙脚乱。

一只野狼卧在草上卖力地磨牙，狐狸看到了，对它说："天气这么好，大家在休息娱乐，你也加入我们的队伍吧！"野狼没有说话，继续磨牙，把它的牙齿磨得又尖又利。

狐狸不解地问道："森林这么平静，猎人和猎狗都已经回家了，老虎也不在近处徘徊，没有任何危险，你何必那么着急磨牙呢？"

野狼停下来，回答说："如果有一天我被猎人或老虎追杀，到那时，我想磨牙也来不及了。而平时我就把牙磨好，到那时就能够保护自己了。"

当比你优秀的人比你还努力的时候，你害怕吗？放心，他们一定会这样做的。

五年、十年以后，把你远远甩在身后的同龄人，不是他比你优秀多少倍，而是他从不贪恋舒适，你在享受安逸、四平八稳的时候，别人劈石开山，昼夜兼程。

你现在所偷的懒，岁月都会加倍归还。

一分耕耘，一分收获

一个农夫每天都在地里劳作，觉得非常辛苦，因而时常抱怨老天不公。有一天，他突然想："与其每天辛苦工作，不如向上苍祈祷，请他赐给我财富，供我今生享乐。"

他深为自己的想法得意，于是把弟弟喊来，把家业委托给他，又吩咐他到田里耕作谋生，别让家人饿肚子，确保自己没有后顾之忧之后，他就独自来到神庙，毕恭毕敬地祈祷："神灵啊！请您赐给我现世的安稳和利益吧！"

庙里供奉的神灵听到这个农夫的愿望，内心暗自思忖："这个懒惰的家伙，自己不工作，却想谋求巨大的财富。即使他曾做过善事，累积功德，也不能这样回报，不妨用些方法，让他死了这条心吧。"

于是，神灵变成他弟弟的模样来到庙中，学着他的样子祈祷求福。

农夫一看，怒了："你来这儿干吗？！我吩咐你去播种，你播下了吗？"

"我跟你一样，来向神灵请求福禄，神灵一定会让我衣食无忧的。所以我不需要去播种。"

农夫一听，立即骂道："你这混账东西，不在田里播种，就想等着收获，天下哪有这样的好事？"

神灵听到农夫的话，故意装作没听清，问道："你说什么？我没听清，再说一遍。"

"那我就再说给你听：不播种哪能得到果实！你太懒太天真了！"

这时，神灵现出真身，对农夫说道："正如你自己所说，不播种就没有果实。若不做事就想得到回报，那是根本办不到的！"

播种是前因，只有播种了，才有结果，才会有收获。凡事必经付出才能得到，古语"一分耕耘，一分收获"，就是此理。

二

然而，这么浅显的道理似乎到现在还有很多人不明白。

有些人自己不努力，就忌恨别人的所获，就刻意忽略别人的付出，把别人的成功归因于世界的不公，给自己的不努力找理由。与此同时，将自己拉入自我欺骗的臆想当中，觉得整个世界都欠自己的，心中悲愤无比。

其实，这个世界不欠任何人的，它给了你存活的空间，这就是最大的恩赐，而你最终活成什么样，那是你自己的选择。如果你不够努力，就不要抱怨别人比你得到的多，没有人抢走你任何东西，你的所获，一定程度上与你的付出成正比，而不是别人的错。

三

那天，约克和汤姆结对旅游。约克带了3块饼，汤姆带了5块饼。有一个路人路过，路人饿了。约克和汤姆邀请他一起吃饭。约克、汤姆和路人将8块饼全部吃完。吃完饭后，路人感谢他们的午餐，给了他们8个金币。约克和汤姆为这8个金币的分配展开了争执。汤姆说："我带了5块饼，理应我得5个金币，你得3个金币。"约克不同意："既然我们在一起吃这8块饼，理应平分这8个金币。"约克坚持认为每人各4块金币。

为此，约克找到公正的夏普里。夏普里说："孩子，汤姆给你3个金币，因为你们是朋友，你应该接受它；如果你要公正的话，那么我告诉你，公正的分法是，你应当得到1个金币，而你的朋友汤姆应当得到7个金币。"约克不理解。

夏普里说："是这样的，孩子。你们3人吃了8块饼，你吃了其中的1/3，即8/3块，路人吃了你带的饼中的3-8/3=1/3；汤姆也吃了8/3，路人吃了他带的饼中的5-8/3=7/3。这样，路人所吃的8/3块饼中，有你的1/3，汤姆的7/3。路人所吃的饼中，属于汤姆的是属于你的7倍。因此，对于这8个金币，公平的分法是：你得1个金币，汤姆得7个金币。你看有没有道理？"

所得与自己的贡献相等，这就是夏普里值的意思。

你愿意付出，才可能有收获，这就是世界的法则。

四

当然，不努力也可以，不努力也是人生的选择，除了父母师长，没有人会一直督促你努力。做个平庸之辈也是自己的选择。但不要自己不努力，偏偏又愤世嫉俗，觉得别人的成就都是投机取巧得来的，就你一个人无辜遭受命运的捉弄。觉得别人都不该享受他们的生活，都应该接受你的正义审判。

事实上,你只看到煤老板一掷千金,却没有看到他们为完成一个挖煤的系统工程,必须要上得讲堂下得井矿;你只看到了别人的小蛮腰,却没看到她们挥汗如雨在健身房;你只看到别人出入高档场所,却没看到人家平日里的辛苦奔忙。

世界真不欠你的,也不欠任何人的。每个人都有权利享受自己通过努力创造的幸福,而你没能出人头地,要怪你还不够努力。

如果你能全力以赴地去做事,没有人会否定你的优秀。

很多才华都埋没于懒惰

很多人总是喜欢抱怨上天不公,抱怨自己怀才不遇,未能人尽其才,甚至因此不思进取、自暴自弃,最终一呈无成。那么,为什么一块普通铁,在某些铁匠手中能够成为将军手中的利刃,而在另一些铁匠手中,却只能成为农夫手中的锄犁?答案很简单,前者精于本业,不断锤炼自己的专业技能,后者不思进取,只求草草谋生。

所以,与其抱怨别人不重视我们,不如反省自己,不断提升自己的能力。倘若我们能够在自己所处的领域中，以饱满的热情、一丝不苟的态度、不断进取的精神，去迎接看似枯燥乏味的事业，我们就能实现自己的人生价值，得到相应的荣耀与肯定。

二

经济萧条时期，钱很难赚。一位孝顺的小男生想找个工作替父母分忧。他的运气还算不错，真的有一家商铺想招一名推销员。小男生决定去试试。结果，跟他一样，共有7个小男生想在这里碰碰运气。店主说："你们都非常棒，但很遗憾，我只能在你们中间选一个。我们不如来个小小的比赛，谁最终胜出了，谁就能留下来。"

这样的方式不但公平，而且有趣，小伙子们都同意了。店主接着说："我在这里立一根细钢管，在距钢管2米的地方画一条线，你们都站在线外面，然后用小玻璃球投掷钢管，每人10次机会，谁掷准的次数多，谁就胜了。"

结果呢？——谁也没有掷准一次，店主只好决定明天继续比赛。

第二天，只来了3个小男生。店主说："恭喜你们，你们已经成功淘汰了4名竞争对手。现在比赛将在你们3人中间进行。"

接下来，前两个小男生很快掷完了，其中一个还掷准了一次钢管。

轮到这位有孝心的小男生了。他不慌不忙地走到线前，瞄准钢管，将玻璃球一颗颗地掷了出去，他一共掷准了7颗！

店主和另外两个小伙伴都惊呆了！——这几乎是个依靠运气取胜的游戏，好运为什么会一连7次降临在他头上？

"恭喜你，小伙子，你赢了，可是你能告诉我，你胜出的诀窍是什么吗？"店主说。

小男生眨了眨眼："本来这比赛是完全靠运气的，不是吗？但为了赢得运气，我一晚上没有睡觉，都在练习投掷。我想，如果不做任何练习，10次中掷准一次，就算是运气最好的了，但做过训练以后，即使运气最坏，10次中也应该能掷准一次，不是吗？"

要完成某项工作，需要的是技术；而要努力使它变得完美，则是一门艺术；事业的成功，有运气的成分在里面，但勤奋却能使好运更容易降临。

三

上天是公平正义的，偷懒的人终将会受到惩罚，美好永远属于勤勤恳恳、无私无畏的人。如果你的心里生了懒癌，请尽快割除它，否则，你就很危险了。

美国人休斯·查姆斯在担任"国家收银机公司"销售经理期间，曾面临了一种最为尴尬的情况，该公司的财政发生了困难，可能要裁员，销售人员因此失去了工作热忱，开始偷懒。销售量开始下跌，到后来，情况极为严重，销售部门不得不召集全体销售员开一次大会，在全美各地的销售员都需参加这次会议。

查姆斯先生主持这次会议。他突然跳到一张桌子上，高举双手，要求大家肃静，然后，他说道："停止，大会暂停10分钟，让我把我的皮鞋擦亮。"然后，他命令坐在附近的一名小工友把他的擦鞋工具箱拿来，并要这名工友替他把鞋擦亮，而他就站在桌上不动。皮鞋擦完之后，查姆斯先生给了那位小工友10美分，然后开始发表他的演说。

"我希望你们每个人，"他说，"好好看看这个小工友。他拥有在我们的整个工厂及办公室内擦皮鞋的特权。他的前任也是个小男孩，年纪比他大得多，尽管公司每周补贴他5美元的薪水，而且工厂里有数千名员工，但他仍然无法从这个公司赚取足以维持他生活的费用。

"而现在这位小工友不仅可以赚到相当不错的收入，不需要公司补贴薪水，每周还可存下一点钱来，尽管他和他前任的工作环境完全相同，也在同一家工厂内，工作的对象也完全相同。

"我现在问你们一个问题，之前那个小男孩拉不到更多的生意，是谁的错？是他的错，还是他的顾客的错？"

那些销售员不约而同大声回答说：

"当然了，是那个小男孩的错。"

"正是如此。"查姆斯回答说，"现在我要告诉你们，你们现在推销收银机和一年前的情况完全相同：同样的地区、同样的对象，以及同样的商业条件。但是，你们的销售成绩却比不上一年前。这是谁的错？是你们的错误，还是顾客的？"

同样又传来如雷般的回答：

"当然，是我们的错。"

……

"春天不下种，何望秋来收？"一个懒惰懈怠的人，即使才华过人，永远也用不到自己的长处；如此辜负"天生我材"，岂不可惜复可悲乎？

偷懒只会使人失去本该属于自己的机会。懒惰，是人的绝症，如果你顺从它，生活终将无所事事，人生终将乏善可陈。

懒惰是人的一种劣根性，但为了不辜负自己，你必须在被懒惰摧毁之前，先学会摧毁它。

努力的配角亦能成为人生的主角

人生如戏，不可能人人都是主角，也许我们这辈子可能真的就注定要演配角。可是，我们也别把自己的梦想一点点淹没在就业、房子之中。就算我们跑龙套也应该有自己的梦想，也许很渺小很平常，但是，每个人都需要一件只有自己才能做到的使命，一份往前冲的梦想。

塞缪尔·杰克逊是好莱坞著名的影视演员，被誉为"有史以来最卖座电影演员"，他曾出演过众多大家喜闻乐见的影片，如：《侏罗纪公园》《低俗小说》《星球大战前传1》《钢铁侠2》《复仇者联盟》等，然而，在塞缪尔40余年的演艺生涯中，他扮演的大多都是配角。

1972年，塞缪尔怀着一腔热血来到了纽约，并打算在影视圈开创一番事业。他像所有渴望成功、渴望成名的年轻人一样，希望有朝一日能演个主角，然后一炮走红。然而，做一个演员并没有塞缪尔想象的那么简单，首先，塞缪尔是半路出家，他之前一直学的建筑业，又没有熟识的导演和演员为他引路，并且他还有一个致命的硬伤——口吃。从长相上来看，塞缪尔也不具有得天独厚的优势，他的外表不够英俊，不是那种让人一见就有好感的类型。尽管如此，塞缪尔还是坚信，是金子总会发光，只要自己肯努力，总有一天能成为一个大牌明星。

可现实就是这么残酷，塞缪尔去了很多家电影公司，但都被导演或制片人拒绝了，理由很简单，他没有什么特别出众的地方。塞缪尔不禁有些心灰意冷，他问自己，难道我天生就不是演戏的料吗？

二

正当塞缪尔准备放弃做一个演员时，父亲打来电话，他对塞缪尔说："为什么你不试着从一个配角做起呢？记得小时候，我们家院墙边有一棵树，每到花开时节，院子里总散发出一股甜甜的清香，我非常喜欢这种花，但遗憾的是，每次总有人捷足先登，我一朵花也没有摘到。后来，我想通了，既然摘不到花，为何我不采一片绿叶呢？"接着，父亲话锋一转，他语重心长地说："孩子，一株玫瑰，它上面没有几朵红花，但绿叶却有无数，你为什么不放弃红花，而选择绿叶呢？花有花的美丽，叶有叶的灿烂，谁又能说绿叶不如红花呢？"

父亲的话给了塞缪尔很大的启发，从那以后他不再梦想着当主角，而是选择别人看不上的配角，并将配角当作主角来演，哪怕只有很少的戏份，他也会付出百分之百的努力。他想，一部电影，光是主角唱不完这台戏，配角也很重要，既然如此，那自己就做好绿叶，陪衬好红花。塞缪尔的努力没有白费，他那种冷漠中带有一点质疑的表演风格受到了人们热烈的追捧，他也从一个不起眼的配角成了闪耀的明星。渐渐地，人们发现，没有塞缪尔这个配角，整部电影都没了特色，没了意思。

功夫不负有心人，塞缪尔因为出演了《丛林热》中那个嗑药成瘾的流浪汉，获得了生平第一个大奖——戛纳影展最佳男配角奖。随后，他又出演了《低俗小说》的配角，因为精彩的表现，他斩获了奥斯卡金像奖与金球奖最佳男配角提名，并获得英国电影电视学院所颁发的最佳男主角奖。2000年，塞缪尔受邀出演《黑豹》，他终于从配角走向了主角，而此时人们早已忘了他配角的身份，事实上，在影迷们的心中，他一直都是主角，永远都是主角。

人生如戏，戏如人生……演配角又如何，照样有人欣赏！其实有时真的不必勉强自己，没必要要求自己一定去当主角，找到自己合适的位置最重要。有句话叫"行行出状元"，像塞缪尔，大半辈子都在电影里面当配角，可做出的努力和成绩谁会否认呢？就算是配角，也要让自己成为金牌的角儿！

三

我们应该明白，没有任何人是来陪衬世界和别人的，每个人都是独立而合群的个体，每个生命都是完整的，每个生命角色都是尊贵的，有价值、有意义的，演好自己的角色，生命就不会白费。

他自小父母离异，和妹妹一起被寄养在外婆家。为了生活他帮着外婆摆地摊卖指甲钳，但贪玩是小男孩的天性，他经常找借口溜到其他地方玩，让外婆和妹妹看地摊。

有一天，他溜进戏院看当时极受欢迎的功夫片，那天上演的是李小龙主演的电影。小小的他在漆黑的戏院中被荧屏上的功夫英雄所震撼，那时他就下定决心要做一个功夫小子，他要当李小龙第二。

当时才9岁的他很想找一位教他练功的师傅，但家里付不起学费，他只好自己偷偷练习。他试着学各门各派的功夫，但这样的练习成效并不大，他没能成为真正的功夫高手。有一天，他突然想当演员，因为在戏里它可以实现自己当功夫高手的梦想。于是他开始寻找机会。

通过自己的努力，他终于在《射雕英雄传》里充当了一回群众演员，其实就是跑龙套的，但他的态度却异常认真。多年后他回忆说："那时我最大的梦想是梅超风不是一招而是两招打死我，这样我就多一个镜头，结果导演不同意，导演说一招也是死两招也是死，就让我一出场就死。"虽然他的建议没被导演采纳，但他后来就这样一路开心地提议，开心地被人否定。"跑龙套"跑了七八年后，他终于被一名导演发现了，凭借《霹雳先锋》一炮走红。

成为大红大紫的明星后，他并没有忘记儿时的梦想，43岁那年，他终于在自己的电影里出演了一个真正的功夫高手。在这部电影里，他决心拍一场特殊的戏，脱掉衬衣，模仿李小龙的形象，露出后背结实的肌肉，以此来表达对李小龙的敬意。

他就是周星驰，他在43岁时终于实现了他儿时的梦想。

当记者问他怎样看待自己饰演的小角色的经历时，他说："没有人生下来就是大明星，但即使是扮演再普通的小角色，你也要用心把他演得出色。"

是的，很多时候我们都只是生活中的一个小角色，但是小角色也应该有梦想，梦想是向上的车轮，梦想从来不卑微，决定你的不是现在的位置，而是你努力的方向。

人生的每一刻都是一个新的起点，珍惜你的每一个机会，为生命增添色彩，小角色终会成为耀眼的明星。

誓与磨难死拼到底

高智商不是成功的唯一的条件，有毅力才是！有创造力的人不一定是最聪明，具有高学历的人，却是最能吃苦，最坚韧不拔的人。坚韧不拔是所有成功人的特质。

蓝赞便是这样坚韧不拔的人。他先是做画眉鸟，第一只画眉鸟就为他赚了40万元，可后来运到中国台湾的二十几只画眉鸟，一只也没卖出去。此后，他又在贵州投资开了个专卖台湾服装的小店，衣服虽然漂亮，但由于价格方面人们接受不起，结果还是亏本结业。老婆没有工作，女儿也不断长大，在种种压力下，蓝先生决定不成功就不回家。他冲破阻力把自己的祖屋卖了，投资做德克士快餐，开业当天营业额竟然超过10万元，一个月的营业额就达到300万元。他趁热打铁,先后在贵州、遵义、六盘水等地开了十几家德克士,不到两年的时间赚得上亿资产。

苦难往往是经过化妆的幸福。"黑暗并不可怕",一位波斯圣哲说。苦难往往是令人心酸的,但是它是有益于身心的。不屈不挠的人是自信的,他的人生字典写满成功;不屈不挠的人是刚强的,他总有一个支撑自己的精神支柱。最高尚的品格是不屈不挠磨炼出来的,一颗坚韧而又刚毅的心灵从炼狱般的锻造所获取的要比从安逸享受产生的成功多得多。

虽然屡遭挫折,却能够坚强地百折不挠地挺住,这就是成功的秘密。

英国劳埃德保险公司曾从拍卖市场买下一艘船,这艘船1894年下水,在大西洋上曾138次遭遇冰山,116次触礁,13次起火,207次被风暴扭断桅杆,然而它从没有沉没过。

劳埃德保险公司基于它不可思议的经历及在保费方面公司带来的可观收益,最后决定把它从荷兰买回来捐给国家。现在这艘船就停泊在英国萨伦港的国家船舶博物馆里。

不过,使这艘船名扬天下的却是一名来此观光的律师。当时,他刚打输了一场官司,委托人也于不久前自杀了。尽管这不是他的第一次失败辩护,也不是他遇到的第一例自杀事件,然而,每当遇到这样的事情,他总有一种负罪感。他不知该怎样安慰这些在生意场上遭受了不幸的人。

当他在萨伦船舶博物馆看到这艘船时,忽然有一种想法,为什么不让他们来参观参观这艘船呢？于是，他就把这艘船的历史抄下来和这艘船的照片一起挂在他的律师事务所里，每当商界的委托人请他辩护，无论输赢，他都建议他们去看看这艘船。

它使我们知道：在大海上航行的船没有不带伤的。

人生总有重重磨难，我们谁也别想逃掉，是深是浅都要过，是苦是甜都要喝，是高是低都要和。但苦难其实并不可怕，挫折来临也无妨，一切希望都并非没有烦恼，而一切逆境也绝非没有希望。最美的刺绣是以明丽的花朵映衬于暗淡的背景，而绝不是以暗淡的花朵映衬于明丽的背景。人的美德犹如名贵的香料，在烈火焚烧中会散发出最浓郁的芳香。正如恶劣的品质可以在幸福中暴露一样，最美好的品质也正是在逆境被显现的。

万箭穿心，也要活得光芒万丈

因为屡屡碰壁，便放弃努力，最终与梦想擦肩而过，有多少人都是这样的？许多时候，真正让梦想遥不可及的并不是没有机遇，而是面对近在眼前的机遇，我们没有去"再试一次"。要知道，常常是最后一把钥匙打开了门。

在绝望中多坚持一下，往往会带来惊人的喜悦。上帝不会给人不能承受的痛苦，所有的苦都可以忍耐，事实上，一个人只要具备了坚忍的品质，便可以苦中取乐，若懂得苦中取乐，则必然会苦尽甘来。

二

卢娜·布莱姆30岁那年，她的生命仿佛就要走到了尽头。她患上了乳腺癌和宫颈癌。11个星期内，她一连接受两次外科手术——乳房切除手术和子宫切除手术。此外，她还要承受化疗带来的巨大痛苦。疾病夺走了她的秀发、她的积蓄，还有她的丈夫。那个男人狠心地离开了她，留给她两个孩子。更糟的是，医生宣判了她的死刑——你还可以活2年，如果幸运的话，最多5年。

卢娜躺在自己的浴室里，面颊贴着冰冷的地板，这样的刺激可以提醒她不要放弃。她知道，尽管这痛苦难以忍受，可自己仍不能听天由命，因为还有两个年幼的儿子需要她照顾。现在，她必须找一份工作，她只想着怎样能生存下来，财富和成功这两个词在当时她压根儿没想过。

从哪儿开始呢？朋友建议卢娜去做销售，她认真地想了想，决定试试。

三

在所有的销售类工作中，卢娜最终选定了男性占主体的汽车销售。因为，这个职业可以赚到更多的钱，也因为她注意到，大多数汽车推销员往往只顾埋头同男士谈话，却忽略了身旁的女士。直觉告诉她，女人在家庭决策中地位非凡。她觉得，这是一个机会。

跟随着自己的"直觉"，顶着一头略显滑稽的金黄色假发，卢娜开始了她的工作。"你们是否打算雇一个女人帮你们推销汽车？"她问。"不！"粗率无礼的回答一遍遍地重复着。她在16个销售经理那里都得到了相同的答复。然而，卢娜并没有放弃，因为她甚至没有资格放弃！"我认为勇气可以赐给你力量。"她说，"当你每天早上醒来的时候，你都要对着镜子说：'今天我一定要鼓足勇气！'"

前面的努力一次次地被击碎了。于是，在做第17次努力时，卢娜修改了她的措辞，向销售经理认真讲述了一番她对女性购车者的独特想法后，卢娜被当场录用！卢娜·布莱姆的汽车销售生涯从此开始。

四

在这个几乎全部是男性的工作环境中，卢娜是一个彻头彻尾的新手。"我开始了和他们之间的激烈竞争，我打败了他们。"卢娜在工作的第一年，就获得了"年度销售人物"的称号。而此时，卢娜的癌症病情也得到了逐渐控制，她的身体不断强壮起来。

在其后的日子里，她不断地努力，不断地被提升。在做到高管的位置后，她决定开创自己的汽车销售公司。在距离卢娜为了治病养家卖掉自己第一部车整整5年以后，"真爱克莱斯勒"———间属于卢娜的汽车销售商店诞生了。

卢娜真心的劳动获得了相当可观的回报。并且，她的癌症被彻底消灭了，她成为两家汽车销售商店的老板，她的公司每年收入达4.5

亿美元。

这位 30 岁时失去了乳房、子宫、婚姻的家庭妇女，并没有把自己的生命抛弃在那冰冷的浴室地板上，而是戴上一顶廉价的假发，勇敢地冲进了男人主宰的汽车世界。是的，是冲进去的。卢娜说："有时仅靠敲门是不够的，你还必须冲进去让门里的世界向你屈服。"

或许我们一路走来荆棘遍布；或许我们的前途山重水复；或许我们一直孤立无助；或许我们高贵的灵魂暂时找不到归宿……那么，是不是我们就要放弃自己？不！我们为什么不可以拿出勇者的气魄，坚定而自信地对自己说一声"再试一次！"再试一次，结果也许就大不一样。

辑 二
求之不得，便与心求和

人生是一场大火，
我们每个人唯一可以做的，
就是从这场大火里多抢出一点东西。
成功，是因为不断地进行理性放弃，
才获得了持久的成功；
失败，是因为不能理性地放弃，
才导致了最终的失败。
你不可能什么都得到，
所以，你应该学会放弃与释怀。

08 ▶

每个人都是被天使咬过的苹果，不完美也很美

追求完美是人的本性，但只有抛弃对完美的执念，才能在这世界潇洒走一回。不要试图做一个完美的人，不要试图寻找一个完美爱人，更不要期求完美的人生。瑕疵和遗憾，正是命运的真相。以你想要的方式，过你想要的一生，要什么完美。

可以追求美，但别奢求完美

一

这是一则流行很广的故事：有个英俊聪明的小伙子，一心想找一个完美无缺的妻子。他找呀找，找了整整40年也没有找到。这个小伙子变成了一个老头，还不停地寻找一个完美无缺的女人。

有人问他："老公公，这么多年来，你还没有找到一个称心如意的？"

老头说:"找到过一个。"

"那你为啥不要?"

"唉,那女人要找一个完美无缺的男人。"老头痛惜地说。

世上本没有完美,几千年前的古人即已对此有着极其清醒的认识,并且记录在案。《左传·宣公十五年》记载,民谣说:所谓高低之分,应该在于心中;河流和沼泽容纳着污泥,丛山和草丛隐藏着祸患,质地美好的玉石藏匿着瑕疵,国家君主有些缺点,这实在是大自然的规律。

在世人眼中,总有些人看上去风光无限。在我们的眼里,是左看也完美,右看也完美,但是,事情的表象与实质往往是大相径庭,甚至是南辕北辙的。我们哪里清楚,风光无限的背后,也许暗中包含着无数的辛酸。所谓鱼与熊掌不能兼得。当一个人想取得事业上的成功,他就不得不付出相应的精力,也许,就会相对地冷淡了家庭,也许家庭就会因此笼上一层淡淡的阴云。总之,生活中,一个人是不可能完全称心如意的。

二

这是某杂志披露的真实故事:某广播电台的谈心栏目的节目主持人,以圆润的嗓音,富于哲理和诗意的语言,叩开了无数听众的心扉,成为一代明星,青春偶像。可是有一天,当人们再次打开收音机时,听到的却是她自杀的消息。许多人对此十分惋惜,他们十分想弄明白:是什么使这位前途光明的主持人走上了绝路?

她的事业是成功的。她从一个没有文凭、没有播音经验的播音员开始,最终成为一颗闪亮的明星,走过了艰难而辉煌的人生奋斗之路。

她主持的栏目牵动了千万人的心。作为一个明星节目主持人，她从中体会到的欢乐和烦恼相等。众口难调，节目制作要求越来越高，难度越来越大，她必须付出艰苦的劳动才能不辜负听众的热望。在享受听众给予的荣誉的同时，她也饱尝着身心极度劳累之苦。她也是普通女人，也有事业的劳累、家庭的烦琐；她是公公、婆婆的儿媳妇，是父母的女儿，孝敬老人是天经地义的义务；她是丈夫的妻子，是孩子的母亲，做一个贤妻良母是她义不容辞的责任；她是单位领导的下属、同事的同事、听众的偶像，做好本职工作、处理好人际关系是她责无旁贷的职责。多重角色使她担负着沉重的担子，她有一种不胜负荷的沉重感，但是强烈的事业心使她不忍心敷衍自己的工作，所以在家庭和事业两者之间，她把更多的精力投入到了工作之中，这就无形之中使丈夫感到受了冷落，于是恩爱夫妻的感情开始淡化，终于有一天一个比她年轻的女人取代了自己在丈夫心目中的地位。

三

真诚的爱情受到亵渎，使她无法容忍，想要离婚，可是内心又非常矛盾和痛苦。她十分珍惜自己的家庭，希望丈夫回心转意，可是无论她怎样努力一切都无济于事，而且公公、婆婆不但不指责儿子，反而强调是她对这个家庭关心得太少才导致这个局面的。父母除了陪她叹息之外，毫无办法。儿子太小还无法理解妈妈的痛苦。她是一个自尊心很强的女人，根本不愿意在外人的眼里留下一个失败者的印象，她不要不完美，所以所有的痛苦她都闷在心里，在外总是给人一种风光无限的印象，终于有一天，她再也承受不住了，觉得从现实中得不到解脱了，最后，她选择了结束。

她能解开众多听众心中的疙瘩，却无法解开自己的生活之结、感情之结。

生活中没有完美，生活中也不该追求完美。如果奢求完美，那也只能如水中月、镜中花般遥不可及。我们生存在现实中，本就已经因为无数的重担压在肩头，而显得身心疲惫，难堪重负，我们又怎可以因为空中楼阁式的寻觅给自己增加额外的负担呢？

别用挑剔的眼光看生活

一帆风顺的人生不会存在，坎坷一生也不是最悲惨的，痛苦和快乐都取决于心。你要做的就是接受这一切，开朗的接受，大度的包容，博爱这些哪怕是最痛苦的事情。

黎薇拥有一切。她有一个完美的家庭，住海景洋房，从来不用为钱发愁。而且，她年轻、漂亮、聪慧。

和她一起外出是一件乐事。在餐厅里，你会看到邻桌的男士频频向她注目，邻桌的女士为她而相互窃窃私语……有她的陪伴，你感觉很棒。

不过，当所有闲聊终止的时候，这样一刻出现了：黎薇开始向你讲述她悲惨的生活——她为减肥而跳的林波舞，她为保持体形而做的努力，她的厌食症。

你简直不敢相信自己的耳朵！这位美丽的女士真实地、深切地认为自己胖而且丑，不值得任何人去爱。当然，你会对她说，她也许弄错了。事实上，这世界上的一半人为了能拥有她那样的容貌，她那样的好运气和生活，宁愿付出任何代价。不，不，她悲哀地挥着手说，她以前也听过类似的话。她知道这话只是出于礼貌，只是一种于事无补的慰藉。你越是试图证实她是一位幸运的女孩，她就越是表示反对。

或许是生活真的给了她太多，令她反而觉得一切都是那么理所当然，于是对生活的期望也越来越高，乃至于一点微小的缺憾都不能容忍。现在的她需要明白：生活并不完美，生活也不必完美。生活能否美如画，取决于你的活法。

许多人都听过"超人"克里斯托夫·瑞维斯的故事。他曾经又高又帅、又健壮、又知名、又富有。可是，一次，他不慎从马上跌落下来，使他摔断了脖子。从此，他不能再自由地走动了。现在，他坐在轮椅上……

不过，瑞维斯和黎薇有所不同：他感谢上帝让他保住了一条命，使他可以去做一些真正有意义的事——为残疾人事业做努力。而黎薇则是为她腹部增加或减少了几毫米厚的脂肪或喜或悲着。

生活并不完美，但是也并不悲惨。人来到这个世界上，不是仅仅为了享受生活或体验悲惨的。

不能因为有人说我们活着是为了享受的,所以遇到悲惨就不想活了;因为有人说人活着就是为了体验苦,经历磨难的,所以好日子就被鄙视了。

其实,不都是生活,都是生命吗?

如果人生的意义、目的,可以说清道明,那世界上的人不都一样了?都做一样的事,都过一样的生活,这一般不太可能。

悲不悲惨,快不快乐是一种感觉,每个人在心里怎样告诉自己,就会拥有怎样的生活,或悲,或喜。所以,对生活、对生活中的人多一点宽容,少挑剔,与自己的内心和解。

三

当我们用挑剔的眼光去看待人生时,我们的潜意识已经非常不满了,我们的内心已然不能平静。

一床凌乱的毯子、车身上一道划伤的痕迹、一次不理想的成绩、数公斤略显肥胖的脂肪……这些都能成为我们烦恼的原因,这表明我们心思已经完全专注于外物,失去了自我存在的精神生活,我们在不知不觉中迷失了生活应该坚持的方向,被苛刻掩住了宽厚仁爱的本性……

这种状态肯定不能让它持续下去,因为它会给我们以及我们身边的人带来很大的伤害。所以必须认识到,人这一辈子就是得与失之间轮回,任何事都不可能尽善尽美,我们完全没有必要太过苛求自己,苛求身边的人和事。

诚然,没有人会满足于本可改善的不理想现状。不过,我们不提倡苛求完美，但并不是说我们不可以去向往，我们当然可以让自己做得更好：让孩子健康成长；让父母老有所依；让朋友放心托付；让自己问心无愧。幸福，不就是这么简单吗？

看得惯残破，也是一种历练

一

我们生而不完美，一切的努力和奋斗，其实都是为了使自己接近完美。

然而，事物发展总有自己的规律，即便足够理想，也不会完全如你所愿，如果谁从一开始就试图万事如意，那就等于进入了一个无法逆转的败局。

苛求完美，就像用刀将人分成两半，扔掉缺点的一半，只要优点的一半，这就不再是个完整的人。当你认识到这一点，不再假装完美，不再遮遮掩掩，不再勉强自己，你就解脱了、自由了。

二

有位朋友一向喜欢玉石，那天，他去首饰店，看中了一块玉。付钱的时候，小贩又重复了一次：

"我卖你这玛瑙，再便宜不过了。"

他笑笑，没说话，小贩以为他不信，又加上一句：

"真的，不过这么便宜也有个缘故，你猜为什么？"

"我知道，它有斑点。"他本来不想提的，被他一问，只好说了，免得他一直唆。

"哎呀！原来你看出来了，玉石这种东西有斑点就差了，这串项链如果没有瑕疵，哇，那价钱就不得了啦！"

他买了项链，默默地走开了。

回到家里，他对父亲讲了事情的经过。

然后父亲对他说："这串玛瑙的斑痕的确让人一眼便可看到，但我们凭什么要说有斑点的东西不好？水晶里不是有一种叫'发晶'的种类吗？虎有纹、豹有斑，有谁嫌弃过它的皮毛不够纯色？就算退一步说，把这斑纹算瑕疵，世间能把瑕疵如此坦然相告的人也不多吧？凡是可以坦然相见的缺点都不该算缺点的。所有的无瑕是一样的——因为全是百分之百的纯洁透明，但瑕疵斑点却面目各自不同，有的斑痕是藓苔数点，有的是砂岸逶迤，有的是孤云独去，更有的是铁索横江，玩味起来，反而令人忻然心喜。"

他此时，觉得那串玛瑙越发贵重起来。

其实生活中本无完美，也不需要完美。我们只有在鲜花凋零的缺憾里，才会更加珍视花朵盛开时的温馨美丽；只有在人生苦短的愁绪里，才会更加热爱生命拥抱真情；也只有在泥泞的人生道路上，才能留下我们生命坎坷的足印。

三

　　看得惯残缺，也是一种历练、是一种豁达、是一种成熟。

　　还有位朋友，单身半辈子，快 50 岁，突然结了婚。新娘跟他的年龄差不多，徐娘半老、风韵犹存。只是知道的朋友都窃窃私语："那女人以前是个演员，嫁了两任丈夫，都离了婚，现在不红了，由他捡了个剩货。"

　　不知道话是不是传到了他耳里。有一天，他跟发小出去，一边开车、一边笑道："我这个人，年轻的时候就盼着开奔驰车，没钱，买不起；现在呀！还是买不起，买辆三手车。"他开的确实是辆老奔驰，发小左右看看说："三手？看来很好哇！马力也足！""是呀！"他大笑了起来。"旧车有什么不好？就好像我太太，前面嫁个四川人，又嫁个上海人，还在演艺圈待了 20 多年，大大小小的场面见多了。现在老了、收了心，没了以前的娇气、浮华气，却做得一手四川菜、上海菜，又懂得布置家。讲句实在话，她真正最完美的时候，反而都被我遇上了。""你说得真有理！"，发小说，"别人不说，我真看不出来，她竟然是当年的那位红星啊。""是啊！"他拍着方向盘说："其实想想我自己，我又完美吗？我还不是千疮百孔，有过许多往事、许多荒唐，正因为我们都走过了这些，所以两个人都成熟，都知道让、都知道忍，这不完美，正是一种完美。"

　　的确，不完美才是生活的真滋味，有时不完美的东西从另一个角度看，反而越发觉得它珍贵，那我们又何必苦苦求索不切实际的东西？

缺陷原本就是生命的一部分

希尔·西尔弗斯坦在《失去的部件》一书中讲述了这样一个童话故事，一个圆环失去了一部分，于是它旋转着去寻找这个部分。

因缺少这个部分，它只能非常缓慢地滚动，这样它就有机会欣赏沿途的鲜花，并可以与阳光对话，同蝴蝶吟唱，和地上的小虫聊天……这些都是它完整无缺、快速滚动时所无法注意、没能享受到的。

有一天，这个圆环终于找到了丢失的那个部分，它很高兴，又开始滚动起来。可是，因为完整，滚得太快，它失去了所有的朋友，不再能从容地赏花，也没有机会聊天，一切都变得稍纵即逝……这个圆环最后在一片草地上丢下了那个找到的部分，又成为一个有缺陷但快乐的圆。

正视缺陷，由此我们也将进入另一片风景胜区。

我们每个人都不是完美无缺的，这是无可置疑的事实。如果我们脑海中完美意识过浓，就应该适当地削减些，放弃一些，以平和的心态去看待，将使我们及早地接受这一事实，并且及早地在此方向有所改观，我们也将及早在此受益，这是人生的真谛。

二

美国心理学家纳撒尼雨·布兰登举过一个他亲身经历的例子：许多年前，一位叫洛蕾丝的24岁的年轻妇女无意中读了他的一本书，找他进行心理治疗。洛蕾丝有一副天使般的面孔，可骂起街来却粗俗不堪，她曾吸毒、卖淫。

布兰登说，她做的一切都使我讨厌，可我又喜欢她，不仅因为她的外表相当漂亮，而且因为我确信在堕落的表象下她是个出色的人。起初，我用催眠术使她回忆她在初中是个什么样的女孩子。她当时很聪明，但是不敢表现自己，怕引起同学的忌妒。她在体育上比男孩强，招惹来一些人的讽刺挖苦，连她哥哥也怨恨。我让她做真空练习，她哭泣着写了这样一段话：你信任我，你没有把我看成坏人！你使我感到痛苦，也感到了期望！你把我带到了真实的生活，我恨你！

一年半后，洛蕾丝考取洛杉矶大学学习写作，几年后成为一名记者，并结了婚。10年后的一天，我和她在大街上邂逅，我几乎认不出她了——她衣着华丽，神态自若，生气勃勃，丝毫不见过去的创伤。寒暄后，她说："你是没有把我当成坏人看待的那个人，你把我看作一个特殊的人，也使我看到了这一点。那时我非常恨你！承认我是谁，我到底是什么人，这是我一生中从未遇到过的事。人们常说承认自己的缺点是多么不容易的事，其实承认自己的美德更是难上加难。"

三

当你接受了自身不足，这时你才算接受自我，一个人最大的敌人不过是自己。如果自己都可以战胜，那还有什么困难不可以克服呢？如此而来，放弃完美，收获更美也就自然是水到渠成的事了。

真正做到放弃完美，自我接受并不容易。因为自我肯定这个事实，你就必须真正保持清醒的头脑，勇敢的承认事实。面对完美主义者来说，承认自己的缺陷要比寻常人克服更多的心理障碍，需要更大的勇气来面对。

有错过，才会有新的遇见

一

生活中有一种痛苦叫错过。人生中一些极美、极珍贵的东西，常常与我们失之交臂，这总会让我们感到遗憾和痛苦。其实大可不必，喜欢一样东西未必非要得到它。

岁月会把拥有变为失去，也会把失去变为拥有。你当年所拥有的，可能今天正在失去，当年未得到的，可能远不如今天你正拥有的。有时候错过正是今后拥有的起点，而有时拥有恰恰是今后失去的缘由。

二

报纸上曾报道过这样一件事：

美国的哈佛大学要在中国招一名学生，这名学生的所有费用由美国政府全额提供。初试结束了,有30名学生成为候选人。

考试结束后的第十天,是面试的日子。30名学生及其家长云集锦江饭店等待面试。当主考官劳伦斯·金出现在饭店的大厅时,一下子被大家围了起来,他们用流利的英语向他问候,有的甚至还迫不及待地向他做自我介绍。这时,只有一名学生,由于起身晚了一步,没来得及围上去,等他想接近主考官时,主考官的周围已经是水泄不通了,根本没有插空而入的可能。

于是他错过了接近主考官的大好机会,他觉得自己也许已经错过了机会,于是有些懊丧。正在这时,他看见一个外国女人有些落寞地站在大厅一角,目光茫然地望着窗外,他想:身在异国的她是不是遇到了什么麻烦,不知自己能不能帮上忙。于是他走过去,彬彬有礼地和她打招呼,然后向她做了自我介绍,最后他问道:"夫人,您有什么需要我帮助的吗?"接下来两个人聊得非常投机。

后来这名学生被劳伦斯·金选中了,在30名候选人中,他的成绩并不是最好的,而且面试之前他错过了跟主考官交流、加深自己在主考官心目中印象的最佳机会,但是他却无心插柳柳成荫。

原来,那位异国女子正是劳伦斯·金的夫人,这件事曾经引起很多人的震动:原来错过了美丽,收获的并不一定是遗憾,有时甚至可能是圆满。

三

人生,应该留一份从容给自己,这样就可以对不顺心的事,处之泰然;对名利得失,顺其自然。要知道世上所有的机遇并不都是为你而设的，人生总是有得有失，有成有败，生命之舟本来就是在得失之间浮沉！美丽的机会人人珍惜，然而却并非我们都能抓住，错过了的美丽不一定就满是遗憾。

跋涉于生命之旅，我们的视野有限，如果不肯错过眼前的一些景色，那么可能错过的就是前方更迷人的景色，只有那些善于舍弃的人，才会欣赏到真正的美景。

有错过，才会有新的遇见，有些错过会诞生美丽，只要你的眼睛和心灵始终在寻找，幸福和快乐很快就会来到。只是有的时候，错过需要勇气，也需要智慧。

要什么完美爱情，幸福就行

生活中的男男女女都幻想着得到至真至纯的爱情，渴望着遇到完美的爱人，但结果却事与愿违。

长得帅的未必有钱，有钱的又未必专情，漂亮的未必贤惠，而贤淑的又未必漂亮……生活就是这样，鱼与熊掌不可兼得，爱情也一样，不可能完全达到你理想中的状态。过分追求完美，只会让自己去堵死爱情的通道。

二

水瑶、丹丹、雪儿是好得不能再好的闺中蜜友,三人中水瑶长得最美,雪儿最有才华,只有丹丹各方面都平平。三个人虽说平时好得恨不能一个鼻孔出气,但是在择偶标准上,却产生了极大的分歧。水瑶觉得人生就应该追求美满,爱情就应该讲究浪漫,如果找不到一个能让自己觉得非常完美的爱人,那么情愿独身下去。雪儿则觉得婚姻是一辈子的大事,必须找一个能与自己志趣相投的男人才行,只有丹丹没有什么标准,她是个传统而又实际的人——对婚姻不抱不切实际的幻想,对男人不抱过高的要求,对人生不抱过于完美的奢望,她觉得两个人只要"对眼",别的都不重要。

后来,丹丹遇到了陈军,陈军长相、才情都很一般,属于那种扎在人堆里就会被淹没的男人,但他们俩都是第一眼就看上了对方,而且彼此都是对方初恋的对象,于是两个人一路恋爱下去。对此水瑶和雪儿都予以强烈反对,她们觉得像丹丹这样各方面都难以"出彩"的人,她更不应该草率地对待婚姻。但是丹丹觉得没有人能够知道,漫长的岁月里,自己将会遇见谁,亦不知道谁终将是自己的最爱,只要感觉自己是在爱了,那么就不要放弃。于是丹丹23岁时与陈军结了婚,25岁时做了妈妈。虽说她每天都过得很舒服、很幸福,但她还是成为了女友们同情的对象,水瑶摇头叹息:花样年华白掷了,可惜呀;雪儿扁着嘴说:为什么不找个更好的?

当年的少女被时光消耗成了三个半老徐娘,水瑶众里寻他千百度,无奈那人始终不在灯火阑珊处，只好让闭月羞花之貌空憔悴；而雪儿虽然如愿以偿，嫁给了与自己志趣一致的男士，但无奈两个人虽是同在一个屋檐下，却如同两只刺猬般不停地用自己身上的刺去扎对方，遍体鳞伤后，不得不离婚，一旦离婚后，除了食物之外她找不到别的安慰，生生将自己昔日的窈窕变成了今日的肥硕，昔日才女变成了今日的怨女；只有丹丹事业顺利，家庭和睦，到现在竟美丽晚成，时不时地与女儿一起冒充姐妹花"招摇过市"。

三

水瑶认为完美的爱人、浪漫的爱情能使婚姻充满激情、幸福、甜蜜，其实不然，完美的爱人根本就是水中月镜中花，你找一辈子都找不到，况且即使你找到了自己认为是最美满、最浪漫的爱情之后，一遇到现实的婚姻生活，则又是另一番模样，因为你喜欢的那个浪漫的人，进了围城之后可能就再也无法继续浪漫了，这样你会失望，失望到你以为他在欺骗你；而如果那个浪漫的人在围城里继续浪漫下去，那你就得把生活里所有不浪漫的事都承担下来，那样，你会愤怒，你以为是他把你的生活全盘颠覆了。

雪儿自视清高，把精神共鸣和情趣一致作为唯一的择偶条件，并且过分追求这一点上的完美。可是事实证明她错了，她的错误并不在于对对方的学识和情趣提出较高的要求，而在于这种要求有时比较偏狭和单一。实际上，伴侣之间的情趣，并不一定限于相同层次或领域的交流，它的覆盖面是很广泛的，知识、感情、风度、性格、谈吐等都可以产生情趣，其中，情感和理解是两个重要部分。情感是理解的基础，而只有加深理解才能深化彼此间的情感，双方只要具备高度的悟性，生活情趣便会自然而生。

丹丹的爱也许有些傻气，更谈上完美，但是恰恰是这种随遇而安的爱使她得到了他人难以企及的幸福。爱情中感觉的确很重要，感觉找对了，就不要考虑太多，不然，会错过好姻缘的。将来的一切其实都是不确定的，不确定的才是富于挑战的，等到确定了，人生可能也就缺少了不确定的精彩。丹丹很庆幸自己及时把握了自己的感觉，青春的爱情无法承受一丝一毫的算计，上天让丹丹和陈军相遇得很早，但幸福却并没有给他们太少。

四

爱情中的理想化色彩是十分宝贵的，但是理想近乎苛求，标准变成了模式，便容易脱离生活实际，显得虚无缥缈。

现实生活中女人寻找的是"白马王子"，男人寻找的则是才貌双全的"人间尤物"，他们寄予爱情与婚姻太多的浪漫，这种过于理想化的憧憬，使许多人成了爱情与浪漫的俘虏。所以，奉劝那些尚未走进殿堂的男男女女，爱情里依然没有十全十美，要知足。

珍惜你身边的人，尽管他有着这样或那样的缺点，但他却是最爱你的人，和他在一起你会感到安全和快乐，也许，他不是最好的，但却是最适合你的那个。难道这还不够吗？谁说不完美就不美？爱情无法完美，但爱情可以很美！

09

生活仿佛是个柠檬，酸着酸着就甜了

> 世上除了生死，都是小事。不管遇到什么糟糕事，都不要自己为难自己。不要沉湎于悲伤，困囿于彷徨。今天，是你往后日子里最年轻的一天，因为有明天，昨天永远只是起跑线。

人生，过的就是心情

每天，你都能选择是享受你的生命，还是憎恨它。这是唯一一件真正属于你的权利，没有人能够控制或夺去的东西，就是你的态度。如果你能时时注意这件事实，你生命中的其他事情都会变得容易许多。

诺尔是个不同寻常的人。他的心情总是很好，而且对事物总是有正面的看法。

当有人问他近况如何时，他会答："我快乐无比。"

他是个饭店经理，却是个独特的经理。因为他换过几个饭店，而有几个饭店侍应生总跟着他跳槽。他天生就是个鼓舞者。

如果哪个雇员心情不好，诺尔就会告诉他怎样去看事物的正面。

这样的生活态度实在让人好奇，终于有一天，有人对诺尔说："这很难办到！一个人不可能总是看着事情的阳光面，你又是怎样做到的？"

诺尔回答："每天早上我一醒来就对自己说，诺尔，你今天有两种选择，你可以选择心情愉快，也可以选择心情不好——我选择心情愉快；每次有坏事发生时，我可以选择成为一个受害者，也可以选择从中学些东西——我选择从中学习；每次有人跑来向我诉苦或抱怨时，我可以选择接受他们的抱怨，也可以选择指出事情的正面——我选择后者。"

"是！你说得对！可是没有那么容易做到吧？"

"就是那么容易！"诺尔答道，"人生就是选择，当你把无聊的东西全部剔除以后，每一种处境就只有一个选择。你可以选择如何去应对各种处境、你可以选择别人的态度如何影响你的情绪、你可以选择心情舒畅或是糟糕透顶，总之，选择的权利在你。"

几年后，听说诺尔出事了：一天早上，他忘记了关后门，被三个持枪歹徒拦住。歹徒对他开了枪。幸运的是，发现得早，诺尔被送进了急诊室。经过18个小时的抢救和几个星期的精心治疗，诺尔出院了，只是仍有小部分弹片留在他的体内。

6个月后,一位朋友见到了诺尔,当问及他的近况时,诺尔回答:"我快乐无比,想不想看看我的伤疤?"

朋友看了诺尔的伤疤,又问当强盗来时他都在想些什么。

"第一件是——我应该关后门。"诺尔答道,"当我躺在地上时,我告诉自己有两个选择:一是死,一是活——我选择了活。"

"你不害怕吗?你有没有失去知觉?"朋友问道。

"医护人员都很好,他们不断告诉我,我会好的。但当他们把我推进急诊室后,我看到他们脸上的表情,从他们的眼神中,我读到了'他是个死人'。我知道我需要采取一些行动了。"

"你采取了什么行动?"朋友马上追问。

"有个身强力壮的护士大声问我问题,她问我有没有对什么东西过敏。我马上回答'有的'。这时,所有的医生、护士都停下来等着我说下去。我深深吸了一口气,然后大吼道'子弹!'在一片大笑声中,我又说——我选择活下去,请把我当活人来医,而不是死人。"

尽量含着微笑生活,我们就会成为情绪的主人,而不是受外界情况的支配。

三

自从人具有了生命,便有了自己的人生。对于许多人来说,人生将是一个曲折而又漫长的过程。由于存在着许多难以预料的问题,而使人有困惑和茫然的感觉。然而夜虽黑,皓月之下终会有一方净土。尽管我们还会遇到种种困难,各式麻烦,还需要付出苦痛和艰辛,然而有了乐观的心态,便会使紧张忧郁的心情得以减少,得以放松。

人生，过的其实就是心情，生活，活的其实就是心态。心态好，凡事看开些，事事往好处想，快乐就不会离你太远；心态不好，事事计较，患得患失，纵使好运连连，也会过得痛苦不堪。

过好每一天，就是过好一辈子

人们经常会犯一个错误——只会憧憬地平线那端神奇的风景，却不知道回过头来看一看自家窗外正盛开着的花朵。为什么我们常常愚蠢到这种地步而不自知，多么可怜而又可悲的人啊！

人生的旅途是多么的奇妙！小孩们成天说："如果我长大多好。"一旦长成大人时又会说："如果我结婚了多好。"但结婚之后想法又突然变成："如果退休了多好。"而一旦退休，脑中又浮现出昔日生活中的情景："这种日子真是孤苦单调，为什么会错失过去那美好的一切？"于是，又开始追念过去的一切。然而太迟了，逝去的一切是再也不可能从头来过了。

辑二　求之不得，便与心求和

底特律的艾维斯先生由于及时醒悟，才免于被忧虑击溃。他从一个送报童开始，到杂货店员、图书馆助理，他省下来的微薄薪金再加上15万美元的借款，成为他第一笔生意的本钱。最后建立起令他自豪的年收入100万美元的事业。但不幸突然发生了，他为朋友担保，而这位朋友不久却破产了。"屋漏偏逢连夜雨"，他不仅变得身无分文，甚至又背上了几十万美元的债，他完全倒了下去，他这样追忆道：

我因失眠、食欲不振而变得像死掉了一样，满脑子除了烦恼，还是烦恼。甚至有一天在街上突然昏倒在人行道上。我被扶上床时，浑身冒汗，痛苦不堪，日复一日衰弱下去，最后连医生也说我活不了多久了。我听后眼前一片昏暗，便写好遗言，回到床上，在无能为力的情况下等待死亡，不再忧虑、不再挣扎。而在这种平静的情况下，反而心情轻松地睡着了，像个襁褓中的婴孩般安然入睡。结果后来，食欲恢复，体重也逐渐增加到原来的水平。

几周后我便能扶着拐杖走路，一个多月后我便回到工作岗位，给自己找了份周薪700美元的工作。这个教训使我不再追悔过去、恐惧未来，而把所有时间、精力完全倾注在今天的工作上。

态度改变之后，他再度奋起，数年后他成为艾维斯·普洛达克公司的董事长。之所以获得成功，关键在于他懂得认真地把握住今天。

如果你想好好地过完每一天，就要控制好自己的想法，快乐发自于内心，并非天外之物。

三

克瓦罗先生不幸离世了,克瓦罗太太觉得非常颓丧,而且生活瞬间陷入了困境。她写信给以前的老板布莱恩特先生,希望他能让自己回去做以前的老工作。她以前靠推销世界百科全书过活。两年前她丈夫生病的时候,她把汽车卖了。于是她勉强凑足钱,分期付款才买了一部旧车,又开始出去卖书。

她原想,再回去做事或许可以帮她解脱她的颓丧。可是要一个人驾车,一个人吃饭,几乎令她无法忍受。有些区域简直就做不出什么业绩来,虽然分期付款买车的数目不大,却很难付清。

第二年春天,她在密苏里州的维沙里市,见那儿的学校都很破,路况很坏,很难找到客户。她一个人又孤独又沮丧,有一次甚至想要自杀。她觉得成功是不可能的,活着也没有什么希望。每天,早上她都很怕起床面对生活。她什么都怕,怕付不出分期付款的车钱,怕付不出房租,怕没有足够的东西吃,怕她的健康情形变坏而没有钱看医生。让她没有自杀的唯一理由是,她担心她的姐姐会因此觉得很难过,而且她姐姐也没有足够的钱来支付自己的丧葬费用。

然而有一天,她读到一篇文章,使她从消沉中振作起来,使她有勇气继续活下去。她永远感激那篇文章里那一句令人振奋的话:"对一个聪明人来说,太阳每天都是新的。"她用打字机把这句话打下来,贴在她车子前面的挡风玻璃上。这样,在她开车的时候,每一分钟都能看见这句话。她发现每次只活一天并不困难,她学会忘记过去,每天早上都对自己说:"今天又是一个新的生命。"让她成功地克服了对孤寂的恐惧和对需要的恐惧。她现在很快活,也还算成功,并对生命抱着热忱和爱。她现在知道,不论在生活上碰到什么事情,都不要害怕;她现在知道,不必怕未来;她现在知道,每次只要活一天——"对一个聪明人来说,太阳每天都是新的"。

四

日常生活中,我们可能会碰到令人兴奋的事情,也同样会碰到令人消极的、悲观的事情,这本来应属正常。如果我们的思维总是围着那些不如意的事情转的话,也就相当于往下看,那么终究会摔下去的。因此,我们应尽量做到脑海想的、眼睛看的,以及口中说的都应该是阳光的、乐观的、积极的,相信每天的太阳都是新的,明天又是新的一天,过好每一天,发扬往上看的精神才能在我们的事业中获得成功。

无论是快乐抑或是痛苦,过去的终归要过去,强行将自己困在回忆之中,只会让你备感痛苦!无论明天会怎样,未来终会到来,若想明天活得更好,你就必须过好当下每一天,并以积极的心态去迎接明天!你要知道——太阳每天都是新的!

告诉伤害，我还好

一

伤害会使有些人堕落，也会使有些人清醒；能令一些人倒下，也能令一些人奋进。同样的一件事，我们可以选择不同的态度去对待。如果我们选择了积极，并作出积极努力，就一定会看到前方瑰丽的风景。

在 2013 年跨年晚会上，收视率最高的点是两年前因拍摄电视剧意外受伤的俞灏明重新登台的那一刻。

他穿着剪裁得体的深色西服，戴着黑色手套，微微低着头，闭着眼睛，深情开唱《其实我还好》，声线还是那么出众，脸上多了分成熟与刚毅，把台下的主持人和观众感动得泪流满面。唱完后，他 360 度向全场鞠躬致谢，引发粉丝的尖叫。

"很佩服他受伤出事之后还能重新站起来，感觉他现在都不只是心中的偶像了，应该是励志人物。"有粉丝评论说。

二

说起成为人们心中的偶像，俞灏明最初的舞台是 2007 年的"快乐男声"。那一年可谓强手如林,但俞灏明用他那永远明亮清澈的眼神、阳光的笑容和洁白的小虎牙,展示了他的真诚和善良,抓住了人们的眼球,并获得了"国民弟弟"的称号。

那一年,俞灏明19岁,娱乐圈的大门,正向他慢慢打开。

就在俞灏明意气风发之时,一场颇具毁灭性的灾难降临了。

三

2010年10月22日,电视剧《我和春天有个约会》(现已更名为《爱在春天》)在拍摄一场爆破戏时,真的把两位主演俞灏明、Selina"爆破"出去。他的爸爸赶到医院,"就看到两个黑乎乎的人,头发也都剃光了,根本分不出来哪个是灏明,哪个是Selina"。俞灏明伤势严重,嘴巴灼伤后变小了,得戴开口器,两只手的手背几乎烧出两个窟窿。幸运的是,经过治疗俞灏明受伤部位长出了新皮肤,不需要进行植皮手术,但随之而来的康复过程却很艰难。

800多天,俞灏明白天得全副武装,从眼睑到背部、双手都贴上硅胶贴片,接着是泡沫敷料,最后再穿上弹力衣,以防止疤痕聚集生长;每天要进行三次拉筋练习,每次两个小时左右,以防长出来的筋硬化;洗澡时会把新长出的薄嫩皮肤冲破,晚上睡觉还须穿着弹力衣紧压皮肤,再加上烧伤部位奇痒,他又没法挠……这期间,他失眠、情绪急躁,容易发火,不愿意讲话,沉默异常,还去美国接受了一段时间的心理治疗。

在俞父发表在俞灏明博客上的题为《致我坚强的孩子及所有关爱他的人》的文章里,"看到他用身体抵住床铺大幅度地蹭来蹭去抵御瘙痒，看到他拼命地拍打头部使自己疼痛从而忽略瘙痒……看着他每天一次次努力地拉伸以抵抗疤痕挛缩，看着他依然颤抖着努力握住那握不紧的拳头……"这滋味表现得尤为真切。

四

俞灏明受伤后一直处于严格保护与隔离状态，这并非他不敢面对镜头，而是不愿意"消费苦难"，"我担心我站出来会让很多人心里难过"。

这个"明明听到台下有不屑的嘘声，还会低头默默鞠躬的孩子"，用一种隐忍和坚强的方式让自己重获新生，重新出发。他坚持复拍电视剧，重返节目舞台。不仅如此，他还参与发起了一个名为"烙印天使"的公益项目，帮助那些烧伤的孩子。

重新上路很难，但当我们选择微笑地面对生活时，我们也就走出了人生的冬季。

当伤害来临之时，学着用微笑去面对、用智慧去解决。永远不要为已发生的和未发生的事情忧虑，已发生的再忧虑也无济于事，未发生的根本无法预测，徒增烦恼而已。你得知道，生活不是高速公路，不会一路畅通。人生注定要负重登山，攀高峰，陷低谷，处逆境，一波三折是人生的必然，我们不可能苦一辈子，但总要苦一阵子，忍着忍着就面对了，挺着挺着就承受了，走着走着就过去了。

如果伤害已经发生了，就告诉自己，其实我还好。

让每一道伤口都变成拥有

一

人们最好的成绩往往是处于逆境时做出的。思想上的压力，甚至肉体上的痛苦都可能成为精神上的兴奋剂。在那些曾经受过折磨和苦难的地方，最能长出思想来。

看到过这样一篇火灾报道。一个工厂的宿舍区夜里着起了大火。当时，许多工人还在加班赶工，只有几个人在宿舍里，这其中有一个上了年纪的人，平时在食堂里帮忙做饭。那天夜里，火势很大，肆虐的火焰封锁了消防通道。但为了求生，人们还是一股脑儿向通道涌去。等救援人员赶到现场时，那里已经是一片狼藉。那些快逃到门口的人横七竖八地倒在地上，有的被大面积烧伤，奄奄一息，有的被倒塌的梁柱击中要害，当场死亡。唯独有一个人例外，他是一个老人，躺在厕所后边一扇破了的窗户下面，只受了点轻伤。

这让救援人员十分惊讶，他们根本不相信体弱年衰的老人能逃出来，何况还没受什么伤。

更令人惊讶的是，这个老人一只眼睛已经盲了，而且腿部还有残疾，平时走起路来一瘸一拐的。

有人问他："当时你是怎么想的？"

他说:"我没多想,就是马上想起了自己平时最留意的地方。因为我只有一只眼睛,平时我就努力记住容易被别人忽略的地方,比如厕所后面那面矮窗户,一般人不会重视它,我正是从那里爬出来的。"

原来,让我们疼痛的那部分,也可以是个宝。

二

不顺和挫折,会让人清醒,让人警觉,不至于在庸碌生活中太不思上进,不至于在琐碎事务中太迷失自己。让我们疼痛的那部分是上帝赐予我们的一只手,在关键时刻拉我们一把,扭转局面,实现目标。

我们应该感谢痛苦的鞭策,因为它让没心没肺的我们能在疼痛中看清自己的弱点,能更好地读懂人性,能更深刻地明白世事。

有位朋友前去友人家做客,才知道友人3岁的儿子因患有先天性心脏病,最近动过一次手术,胸前留下一道深长的伤口。

友人告诉他,孩子有天换衣服,从镜中看见疤痕,竟骇然而哭。

"我身上的伤口这么长!我永远不会好了。"她转述孩子的话。

孩子的敏感、早熟令他惊讶;友人的反应则更让他动容。

友人心酸之余,解开自己的衣服,露出当年剖腹产留下的刀口给孩子看。

"你看,妈妈身上也有一道这么长的伤口。"

"因为以前你还在妈妈的肚子里的时候生病了,没有力气出来,幸好医生把妈妈的肚子切开,把你救了出来,不然你就会死在妈妈的肚子里面。妈妈一辈子都感谢这道伤口呢!"

"同样地,你也要谢谢自己的伤口,不然你的小心脏也会死掉,那样就见不到妈妈了。"

感谢伤口！——这四个字如钟鼓声直撞心头，那位朋友不由低下头，检视自己的伤口。

它不在身上，而在心中。

三

那时节，这位朋友工作屡遭挫折，加上在外独居，生活寂寞无依，更加重了情绪的沮丧、消沉，但生性自傲的他不愿示弱，便企图用光鲜的外表、强悍的言语加以抵御。隐忍内伤的结果，终至溃烂，直至发觉自己已经开始依赖酒精来逃避现状，为了不致一败涂地，才决定举刀割除这颓败的生活，辞职搬回父母家。

如今伤势虽未再恶化，但这次失败的经历却像一道丑陋的疤痕，刻划在胸口。认输、撤退的感觉日复一日强烈，自责最后演变为自卑，使他彻底怀疑自己的能力。

好长一段时日，他蛰居家中，面对未来裹足不前，迟迟不敢起步出发。

朋友让他懂得从另一方面来看待这道伤口：庆幸自己还有勇气承认失败，重新来过，并且把它当成时时警惕自己，匡正以往浮夸、矫饰作风的记号。

他觉得，自己要感谢朋友，更要感谢伤口！

我们应该佩服那位妈妈的睿智与豁达，其实她给儿子灌输的人生态度，于我们而言又何尝不是一种指导？人活着，总不能流血就喊痛，怕黑就开灯，想念就联系，疲惫就放空，被孤立就讨好，脆弱就想家。人，总不能被黑暗所吓倒，终究还是要长大，最漆黑的那段路终是要自己走完。

四

　　人生就是一种承受，一种压力，你能在负重中前行，障碍中奋进，那么无论走到哪里，你都能够支撑自己。所以失败时就多给自己一些激励，孤独时就多给自己一些温暖，让自己的心灵轻快些，让自己的精神轻盈些。因为你心情的颜色会影响世界的颜色。如果我们，对生活抱有一种达观的态度，就不会稍不如意便自怨自艾，只看到生活中不完美的一面。我们的身边大部分终日苦恼的人，或者说我们本人，实际上并不是遭受了多大的不幸，而是自己的内心存在着某种缺陷，对生活的认识存在偏差。其实态度端正之后，生活给你的每道伤口，都可以变成拥有。

在残酷面前常做快乐的想象

一

　　有这样一位母亲，她没有什么文化，只认识一些简单的文字，会一些初级的算术。但她教育孩子的方法着实令人称赞。
　　她家的瓶瓶罐罐总是装着不多的白糖、红糖、冰糖，那时候孩子还小，每每生病一脸痛苦，她都会笑眯眯地和些白糖在药里，或者用麻纸把药裹进糖里，在瓷缸里放上一刻，然后拿出来。那些让小孩子望而生畏的药片经这位母亲那么一和一裹，给人的感觉就不一样了，在小孩子看来就充满诱惑，吃药也变得不那么痛苦了。

在孩子们的眼中，母亲俨然就是高明的魔术师，能够把苦的东西变成甜的，把可怕的东西变成喜欢的。

"儿啊，尽管药是苦的，但你咽不下去的时候，把它裹进糖里，就会好些。"这是一位朴实的家庭妇女感悟出的生活哲理，她没有文化，但却很懂生活。

这是一种"减法思维"，减去了药的苦涩，就不会难以下咽。如今，她的孩子都已长大成人，也都有了自己的家庭，但每当情绪低落的时候，就会想起母亲说的那句话：把药裹进糖里。

她灌输给子女的是一种苦尽甘来的信仰，把生活的苦包进对美好未来的想象之中，就能冲淡痛苦；心中有光，在沉重的日子里以积极的心态去思考，就能够改变境况。

二

不知大家有没有读过三毛的《撒哈拉的故事》，那里充满了苦中作乐的情趣，领略过后，恐怕你听到那些憧憬旅行、爱好漂泊的人说自己没有读过"三毛"，都会觉得不可思议。

这本书含序，一共14个篇章。用妈妈温暖的信启程，以白手起家的自述结尾。在撒哈拉，环境非常恶劣，三毛活在一群思维生活都原始的撒哈拉威人之中，资源匮乏又昂贵，但她却颇懂得快乐的冥想。尽管生活中有诸多的不如意，但只要有闪光点，她就会将其冥想成该谐幽默的故事，然后娓娓道来，引人入胜。

在序里，三毛母亲写道："自读完了你的《白手成家》后，我泪流满面，心如绞痛，孩子，你从来都没有告诉父母，你所受的苦难和物质上的缺乏，体力上的透支，影响你的健康，你时时都在病中。你把这个僻远荒凉、简陋的小屋，布置成你们的王国（都是废物利用），我十分相信，你确有此能耐。"

毫无疑问，那位普通的母亲以及三毛，都是对生活颇有感悟的人。其实生活就是一种对立的存在，没有苦就无所谓甜，如果我们都懂得在不如意的日子里给痛苦的心情加点糖，就没有什么过不去的事情。

生活，十分精彩，却一定会有八九分不同程度的苦，作为成熟的人，应该懂得苦中作乐。痛苦是一种现实，快乐是一种态度，在残酷的现实面前常做快乐的想象，便是人生的成熟。

心中有希望，生活就有希望

在菲律宾西部海岸，每年秋天都能看到这样一个壮观的场面：海面上黑压压地飞来一片云，飞近了才知是南迁的燕子。它们欢快地鸣

叫着，慢慢靠近海岸，但是人们惊奇地看到，一旦到了海岸和沙滩，许多燕子都飞不起来了，永远地闭上了眼睛。遥远的路途飞完了，没有死于皑皑雪峰，没有死于茫茫大海，没有死于暴风骤雨，却死于目的地那细软的沙滩上。

为什么会发生这样的悲剧？如果沙滩再远两三千米，许多燕子难道就飞不到吗？它们一定能坚持下去，一定会到达目的地。悲剧发生的原因恰恰是因为目的地到达了，支持它们的信念突然消失了，意志瞬间松懈，身体也随之极度衰弱，于是生命之灯熄灭了。

二

希望，就是生命的翅膀，只要心存希望，总有奇迹发生，纵然希望有时渺茫，但它永存世上。

美国作家欧·亨利在他的小说《最后一片叶子》里讲了个故事：病房里，一个生命垂危的病人从房间里看见窗外的一棵树，树叶在秋风中一片片地掉落下来。病人望着眼前的萧萧落叶，身体也随之每况愈下，一天不如一天。她说："当树叶全部掉光时，我也就要死了。"一位老画家得知后，用彩笔画了一片叶脉青翠的树叶挂在树枝上。最后一片叶子始终没掉下来。只因为生命中的这片绿，病人竟奇迹般地活了下来。

人这一生可以没有很多东西，却唯独不能没有希望。有了希望，我们才知道自己为什么而活，有希望的地方，生命就会生生不息！

三

詹姆斯是一位晚期癌症患者，病魔的摧残令他几次想要了结此生。

在确诊病情至今不足 2 个月的时间里,詹姆斯的体重由 70 千克降到了不足 50 千克,他仿佛感觉到死神正在一步一步地逼近自己。

不久,詹姆斯转入一家医疗设施相对较好的医院,他的主治医师名叫沃克,在癌症治疗领域颇具盛名。沃克对詹姆斯说道:"医院已经决定成立最好的医疗小组帮助你对抗病魔,我任组长。在院的每一天,我都会把治疗进度详细地告知与你,你随时都可以了解自己的病情。"

沃克医生说到做到,詹姆斯的焦躁情绪渐渐得到缓解,他又点燃了与癌症抗争的信念。一个月以后,当詹姆斯看到复查结果时,他简直不敢相信自己的眼睛——癌细胞竟然被控制住了!

"从现在开始,你每天利用一段时间想象自己体内白血球与癌细胞对抗的情形,而且一定要让前者打败后者。"沃克医生对詹姆斯说道。

詹姆斯依照沃克医生的话去做,半年以后,一个出乎意料又似在意料之中的消息传出——医疗小组成功战胜了癌症,令詹姆斯痛不欲生的病魔被赶跑了!

"如果你不想死,任谁也夺不去你的性命,包括癌症。"沃克医生微笑说。

所以,不管人生旅途多么遥远,多么艰险,都不要失去希望,因为希望是生命的翅膀。

10
你可以孤身一人，但不能乞求怜悯

　　你身边所有的人有一天都会离开，只是早晚而已。所以，不要过份依赖他人。一个人的生活虽然很难，但也必须学会一个人，这样以后身边的人都离开你的时候，你依然可以好好活下去。

没人懂你，没有关系

一

多年以前，他和她偶然邂逅，彼此相识，从一见倾心到无话不谈。

"你有什么爱好吗？"她问。

"文学，你呢？"他说

"真的吗？我也是。那你喜欢看什么书？"

"《红楼梦》。"

"太巧了，我也是！"

他们的身影，时而重合，时而平行。

相处了一年以后，他和她来到了彼此初识的地方，路灯下，把他们相反方向的身影拉得很长。

"你觉得林黛玉这个人好吗？"他问。

"她冰清玉洁，对爱情忠贞不渝。"她说。

"可是她心胸狭窄，对人太苛刻。"

"你真的是这样认为的吗？"

"是的。"他很认真地回答。

"可我……"

两个身影各奔东西，只留下一片昏黄的灯光。

置身于陌陌红尘中，每一天都有别离，每一天也都有相逢。茫茫人海，谁与谁一见倾情，又是谁与谁擦肩而过。所谓朋友，所谓恋人，一转身，也许就是一生背道而驰，一句再见，也许就是这辈子再不相见。所以，不要停在原地，不要傻傻地等，不要呢喃自语："我这个人，为什么你不懂？"

二

风有风的心情，雨有雨的心声，你的所想怎能人人都懂？你的心声，怎能人人遵从？做好你自己，才是最好的言行。人与人之间的故事，就是一点一滴的缘分凑成，他不懂你，你不懂他，说明彼此的缘分还没水到渠成。

他说你冷面寒霜，其实不知道，你的火热在心中。

他说你淡漠无情，其实不知道，在街角看到那个乞讨的小孩，你的心早已泪如雨下。

他说你自负癫狂，其实不知道，你只是不愿向功利世俗去妥协。

他说你爱得不深，其实不知道，你只是不想万劫不复，只是刚好爱到七八分。

他说你孤僻高深，其实不知道，你只是希望遇到一个真正懂你的人。

也许你与他，就像不同时区的钟，看起来好像在一起滴滴答答，其实大相径庭。你没有走进他那个时区，他就跟随不了你的分分秒秒。你们之间就好像隔了一层薄薄的纱，看似若有若无，实则彼此都看不清。所以他不懂你，没关系。

这世上找不到那么多不离不弃，也没有那么多理所应当。能珍惜的便珍惜，毕竟，缘分来之不易。但不是所有的错过和失去都不值得原谅，留不住的只是朝露昙花，再美不过刹那芳华。人与人之间，懂了就是懂了，不懂，你再解释，依旧不懂。他不懂你，没关系，不是为了显示自己有多么大度，也不是为了显示自己有多么随性，只是要让自己明白，每个人都有一个死角，自己走不出来，别人也闯不进去，我们都习惯把最深沉的秘密放在那里，所以他不懂你，没关系。

其实难过的时候，不一定非要有个人陪在身边，宽慰几句，安抚几许。无聊的时候，发发呆，享受一下孤独的时光。不言不语，不卑不屈，让思想升华出来的火花，照亮心里需要照亮的角落，别怪自己，也别怪别人。

四

我们一直试图找到那些真正懂我们的人，但往往却是天意弄人。或许有一天，我们的努力会被人感受，有人愿意从内心里去了解我们；或许，我们的努力一直不能被人感知，他们淡漠了我们的这种追求。无论如何，都要释怀，能被感知自然舒心，不能被感知也要会宽心。

他不懂你，没关系。尽自己的心，用自己的情，做最好的自己，就是一种欣慰，无怨无悔。人人都有自己的原则，人人都有自己的活法，你有你的观点，他有他的见解，何必非要把自己的想法强加给别人？你认可的，他未必认同，你理解的，他未必明白，别奢望人人都懂你的心情。如果留念只能是痛苦，何必对昨天的过往纠缠不休？一壶香茗，一卷书，一剪月光，一人赏，在孤独的日子里，依然可以安然自如。

不要活在别人的标准里

一

我们总是畏惧别人的眼光，总是担心别人怎么想，不自觉地丢失了自己；其实事情是我们自己的，别人不应该成为我们的标准，为什么我们要生活得那么被动呢？

有一个妇人是私生子，别人都对她指指点点，她整天烦恼不已。无论她走到哪里，这种烦恼都如影随形，不断折磨着她。

有一天，妇人忍受不了了，想投河自尽，一死了之。可是妇人刚刚跳入河中，就被人救了起来。

后来，妇人前去拜访禅师，向他诉说自己的不幸。禅师在听完妇人的泣诉以后，只是让她静默打坐，别无所示。

妇人打坐3天，非但烦恼不除，羞辱之心反而更加强烈。妇人气愤不过，跑到禅师面前，想将他臭骂一顿。

但她还未开口，禅师便说："你是想骂我，是吗？只要你再稍坐一刻，就不会有这样的念头了。"禅师的未卜先知，让她既吃惊又心生敬意。于是，她依照禅师的指示，继续打坐。

不知过了多长时间，禅师轻声问道："在你尚未成为一个私生子之前，你是谁？"

妇人脑子里的某根弦仿佛突然被拨动了一下，她恍然大悟，随后号啕大哭起来，喊道："我就是我啊！我就是我啊！"

我就是我，不要太在意别人的话，别人不是我们的镜子。

二

一个人活在别人的标准和眼光之中是一种被动、一种依附，更是一种悲哀。人为什么要活得那么累呢？人生本来就很短暂，真正属于自己的快乐更是不多，为什么不能为了自己完完全全、彻彻底底地活一次？为什么不让自己脱离建立在别人基础上的参照系？……要知道属于你的，只是自己的生活而不是别人赐予的生活！

著名畅销书作家泰德曾经写过一本书《为自己活着》，一经出版后立刻引起轰动，迄今创下销售 70 余版的纪录。

泰德在书中阐释一种自由主义的思想，鼓励每个人不需跟从世俗标准随波逐流，而是应该依自己的方式去选择有价值的人生，使自己活得快乐，活得自由。你活得快乐吗？自由吗？读这本书的人都觉得"心有戚戚焉"，因为他们的心事被看穿，他们发现自己这辈子为了父母而活、为了配偶而活、为了子女而活……总之，有各种"为别人而活"的理由，却始终没有为"自己"好好活过。

三

为了别人而活，经常使人陷入进退两难的境地，他们过着不快乐的生活，做着不合志趣的事，即使是他们当中不乏外表看起来功成名就的人，但他们心中仍有一种想"冲破现状"的欲望。

你是不是会有这样的感受？虽然职位愈爬愈高，薪水也日益上涨，但这并不是你想过的生活，纵使人人羡慕你，但其实这些表象只不过是生活无趣的"安慰品"罢了，你心里想的很可能只是散散步、种种花、饲养动物、看几本好书、和好友把酒言欢这些再简单不过的事情而已。

四

要找出自己真正想过的生活，其实并非难事，最直接的方法中将自己置身于一种孤独之中，不必太在乎别人的看法，你完全可以按自己的想法生活。一个人的时候，你可以问自己几个问题：

在过去的经验里，有哪些令我振奋的嗜好？比如说，维持基本的物质需求无虞，你会把剩余的时间、精力用在哪里？

我是不是花了太多的力气去追逐身外之物，或者为了取悦别人，而把自己内心的真爱丢弃不顾？

真实的自己，就是真正的自我。人们活着，不知道还有另一个自己，这就如同鱼天天在水中游着，却不知有水一样。有一位诗人曾说："要爱自己，只有时时刻刻凝视着真实的自己。"然而，当代人在看自己时却模糊不清，原因是离真实的自我越来越远。如果你能每天花几秒钟发个呆，在独处时仔细看看自己的眼睛，你将发现真实的自己。

依附是对生命最大的亵渎

一只住在山上的鸟与住在山下的鸟在山脚下相遇。山上的鸟说："我的窝刚搭好，参观参观吧。"山下的鸟便跟着去了，到那一看——什么鸟窝？不就是光秃秃地石缝里放几根干草吗？

"看我的去。"山下的鸟带着山上的鸟来到一个富人的花园。

"看，那就是我的窝。"山上的鸟仰头望去，果然看到一只精致的木制鸟窝悬挂在紫荆树梢，那窝左右有窗，门面南而开，里面铺着厚厚的棉絮。

山下的鸟自豪地说："像我们这种鸟，有漂亮的羽毛，叫声又不赖。找个靠山是非常容易的。假如你愿意，以后我给你说说，搬这儿来住。"

山上的鸟没有回答，展翅飞走了，再没有回来。

不久后的一天，山上的鸟正在石缝窝里睡觉，听到门口有叫声，伸头一看，山下的鸟正狼狈地站在那儿。它身上的羽毛已不平整，哭丧着脸对山上的鸟说："富人死了。他的儿子重建花园，把我的窝给拆了。"

人活着，还有什么比依附于人更无常？又有什么比依靠自己更长久？山下那只鸟依附在富人家中，虽有一时的光鲜，却终敌不过自己石缝中的几根干草。所以说，与其依附他人，不如好好利用自身资源，求人往往需要付出很大代价，比起向内求己，哪个更可取，显而易见。

二

人不自助，天不佑护。上天都不佑护的人，谁又能庇护得了？理想人格的锻造，有赖理想实现的过程。这个历经坎坷的过程只能由自己来完成。所以别总想着依附别人，因为即使是你的影子，也会在黑暗的时候离开你。依赖会使人陷入人生的枯井，再也跳不出来，那是你精神上的枯井，没有人能够帮助你。

有一头倔驴一不小心掉进一口枯井里，无论如何也爬不上来。他的主人很着急，用尽各种方法去救它，可是都失败了。十多个小时过去了，他的主人束手无策，驴则在井里痛苦地哀号着。最后，主人决定放弃救援。

不过驴主人觉得这口井得填起来，以免日后再有其他动物甚至是人发生类似危险。于是，他请来左邻右舍，让大家帮忙把井中的驴子埋了，也正好可以解除驴的痛苦。于是大家开始动手将泥土铲进枯井中。这头驴似乎意识到了接下来要发生的事情，它开始大声悲鸣，不过，很快地，它就平静了下来。驴主人听不到声音，感觉很奇怪，他探头向下看去，井中的景像把他和他的老伙伴都惊呆了——那头驴子正将落在它身上的泥土抖落一旁，然后站到泥土上面升高自己。就这样，填坑运动继续进行着，泥土越堆越高，这头驴很快升到了井口，只见它用力一跳，就落到了地面上。

如果你陷入精神的枯井中，就会有各种各样的"泥土"倾倒在你身上，假如你不能将它们抖落并踩在脚底，你将面临被活埋的境地。不要在苦难中哀号，就像参加自己的葬礼一样，如果你还想绝处逢生，就要想方设法让自己从"枯井"中升出来，让那些倒在我们身上的泥土成为成功的垫脚石，而不是我们的坟墓。

三

人要成长，必须依靠自己的力量。人是社会的，亦是自己的。我们没有资格要求别人为自己做什么、奉献什么。实际上求人不如求己，父母兄弟也好，亲戚朋友也罢，虽说是我们生活中最亲近的人，但并不是我们生活的完全寄托者，脚下的路还得自己走，再多的苦也应该自己扛，谁也替代不了，谁也无法代替你去感受。

现实就是这样残酷，这个世界上没有谁是你真正的靠山，你真正可以依靠的只能是你自己，你的未来，还需要你自己去努力。

有个中国大学生,以非常优秀的成绩考入加拿大一所著名学府。初来乍到的他因为人地两疏,再加上沟通存在一定障碍,饮食又不习惯等原因,思乡之情越发浓重,没过多久就病倒了。为了治病,他几乎花光了父母给自己寄来的钱,生活渐渐陷入困境。所以在放假那会儿,他便向校方申请退学,急忙赶回了家乡。

当他走出机场以后,远远便看到前来接机的父亲。一时间,他的心中满是浓浓的亲情,或许还有些委屈、抱怨——他可从没吃过这么多的苦。父亲看到他也很高兴,张开双臂准备拥抱良久不见的儿子。可是,就在父子即将拥在一起的刹那,父亲突然一个后撤步,儿子顿时扑了个空,重重地摔倒在地。他坐在地上抬头望着父亲,心中充满了困惑——难道父亲因为自己退学的事生气了?他伸出手,想让父亲将自己拉去,而父亲却无动于衷,只是语重心长地说道:"孩子你要记住,跌倒了就要自己爬起来,这个世界上没有任何一个人会是你永远的依靠。你如果想要生存、想要实现自己的梦想,只能靠自己站起来!"

听完父亲的话,他心中充满惭愧,他站起来,抖了抖身上的灰尘,接过父亲递给自己的那张返程机票。

四

他不远万里匆匆赶回家乡,想重温一下久违的亲情,却连家门都没有踏入便返回了学校。从这以后,他发奋努力,无论遇到多少困难、无论跌倒多少次,都咬着牙挺了过来。他一直记着父亲的那句话——"没有任何一个人是你永远的依靠,跌倒了就要自己爬起来!"

一年以后,他拿到了学校的最高奖学金,而且还在一家具有国际影响力的刊物上发表了数篇论文。

别以为靠自己的力量不能将生命张扬,人生路上没有什么不可超越。别把太多的希望寄托在别人身上,没有人会永远保护你,父母终究会老去,朋友都会有自己的生活,所有外来的赐予必然日渐远离,所以我们要学着给自己温暖和力量,遇到困难不要灰心、不要抑郁,越是孤单越要坚强,生命的负重还要你来托起。

你要懂得,没有人替你勇敢,没有人可以一辈子为你而活,所以要自己学会坚强。

向着背叛道声"谢谢"

人,都喜欢锦上添花,所以当你一帆风顺、蒸蒸日上的时候,有很多人愿意接近你。而当你遇到困难、举步维艰的时候,很多人可能会离开你。

这个时候不要抱怨,不要责怪。对于曾经接近你的人,我们要感谢,因为他们给我们的"锦上"添了"花"。对于困难时离开的人,我们也要表示感谢，因为正是他们的离开，给我们泼了一盆足以清醒的冷水，让我们在孤独中重新审视自己，发现自己的危机，让我们有了冲破樊篱、更进一步的动力。

二

刘枫与李璐相恋5年有余，按照原来的约定，他们本该在今年携手走进婚姻的殿堂，但是，就在婚前不久，李璐做了"落跑新娘"，她留下一纸绝情书，与另一个男人去了天涯海角。

了解刘枫的人都知道，他与李璐之间的爱情九曲十八弯，甚至有些荡气回肠。

刘枫英俊帅气，风度翩翩，在香港科技大学完成学业以后，就回到了父亲创办的公司担任部门经理，管理着一个重要部门，由一位追随父亲多年的叔伯专门负责培养他、指导他。他行事果敢，富有创新意识，这个部门在他的管理下越发出色起来。

这个时候，追求他的姑娘、前来提亲的人家简直多的让人眼花缭乱，其中不乏当地的名媛，但他一概礼貌地回绝了，却唯独对来自农村的李璐情有独钟。

三

那个时候的李璐不但长相甜美，而且思想单纯，相比刘枫周围的其他女人，她恰似一朵纯洁的雪莲花，这份纯朴的美让刘枫十分醉心。

然而，刘枫的父母对于这种结合并不认同，刘枫为此与家人无数次理论过，甚至愿意为李璐放弃现在的一切，只求抱得美人归。在他的坚定坚持下,刘父刘母终于妥协了。

由于李璐的身体一直不好,医生建议他们3年之内最好不要结婚,刘枫只能把婚期向后推迟。3年来,他一直精心照顾李璐,给了她无微不至的关爱,李璐的身体渐渐好了起来。

随后,为了李璐的事业,刘枫又强忍着心中的不舍,出资安排她去国外学习企业管理。在这5年多的交往中,可以说一个男人能做的,刘枫几乎都做到了。

四

好景不长,刘枫家的公司意外破产,刘枫也由一个白马王子变成了失业青年。

任谁也没想到的是,就在刘枫最困难的时候,那个他曾给予无数关爱,那个他愿意为之付出一切,那个曾与他海誓山盟的女孩,决绝地提出分手,跟着一个英国男人去国外"发展"了。

公司破产,刘枫并没有多么难过,因为他觉得凭自己的能力,有朝一日一定可以帮助父亲东山再起,因为他觉得即便自己变成了一个穷小子,但至少还有一个非常相爱的女朋友。但是现在,他真的觉得自己一无所有了,曾有那么一段时间,刘枫非常颓废。

一个人独处的时候,刘枫反复问自己,"我那么爱她,她为什么在这个时候离开我?!"最后,他不得不接受一个残酷的事实——她太功利了,她不会跟一个身无分文的穷小子过一辈子!究竟是她变了,还是原本就如此,此刻已不重要。重要的是,接下来该做些什么。

冷静之后,刘枫意识到,自己必须努力了,否则才是真的一无所有。女友无情的背离也让他对爱情有了新的认知，他懂得了，爱并不是一厢情愿的冲动，有的人并不值得去爱，也不是最终要爱的人，所以放手，放任她离开，但不要带着怨恨，那只会让自己的内心永远不得安歇，为那个不爱自己的人徒留下廉价的伤感而已。

不久之后，刘枫找到了父亲的一位老朋友，并以真诚求得了他的资助。用这笔资金，刘枫创办了一家投资公司，他又是学习取经，又是请高人管理，公司很快就步入了正轨，现在，刘枫又积累了一笔不菲的财富。

在那位叔父的撮合下，刘枫结识了一位从法国留学归来的漂亮姑娘，两个人一见钟情，很快确定了恋爱关系，双方的父母也都对彼此非常满意。

如果当初那个女人不离开他，或许刘枫就不会有如此大的动力，或许他会出去做一个高级打工者，一样能过日子。但是，她离去了，一段时间内，刘枫一无所有，这给了他前所未有的危机感，这种危机感鞭策着他必须去努力，似乎是为了证明些什么，但其实更是为了他自己。

曾经受过伤害的人，在孤独中复苏以后，会活的比以往更开心，因为那些人、那些事让他认清自己，同时也认清了这个世界。如果有人曾经背弃了你，无论他是你的恋人还是朋友，别忘了对他说声"谢谢"，因为正是因为这背离，才让你更坚强，更懂得如何去爱，也更懂得如何保护自己。

失去爱情，也要留下风度

如果把人生比作一棵枝繁叶茂的大树，那么爱情仅仅是树上的一颗果子，爱情受到了挫折、遭受到了一次失败，并不等于人生奋斗全部失败。世界上有很多在爱情生活方面不幸的人，却成了千古不朽的伟人。因此，对失恋者来说，对待爱情要学会放弃，毕竟一段过去不能代表永远，一次爱情不能代表一生。

卢梭11岁时，在舅父家遇到了刚好大他11岁的德·菲尔松小姐，她虽然不很漂亮，但她身上特有的那种清纯和靓丽还是将卢梭深深地吸引住了。她似乎对卢梭也很感兴趣。很快，两人便轰轰烈烈地像大人般恋爱起来。但不久卢梭就发现，她对他的好只不过是为了激起另一个她偷偷爱着的男友的醋意——用卢梭的话说"只不过是为了掩盖一些其他的勾当"时，他年少而又过早成熟的心便充满了一种无法比拟的气愤与怨恨。

他发誓永不再见到这个负心的女子。可是，20年后，已享有极高声誉的卢梭回故里看望父亲，在波光潋滟的湖面上游玩时，他竟不期然地看到了离他们不远的一条船上的菲尔松小姐，她衣着简朴，面容憔悴。卢梭想了想，还是让人悄悄地把船划开了。他写道："虽然这是一个相当好的复仇机会，但我还是觉得不该和一个40多岁的女人算20年前的旧账。"

爱过之后才知爱情本无对与错、是与非，快乐与悲伤会携手和你同行，直至你的生命结束！卢梭在遭到自己最爱的人无情愚弄后的悲愤与怨恨可想而知，但是重逢之际，当初那种火山般喷涌的愤怒与报复欲未曾复燃，并选择了悄悄走开，这恰好说明世上千般情，唯有爱最难说得清。

聚散随缘，去除执着心，一切恩怨都将在随水的流逝中淡去。那些深刻的记忆也终会被时间的脚步踏平，过去的就让它过去好了，未来的才是我们该企盼的。

缘分这东西，日子久了也会生锈，使人遗忘了当初的信誓旦旦。缘分来的时候很自然，去的时候也很无情，当爱情不再灿烂，留给人的多是疲惫与憔悴。

往日的卿卿我我变成今日的相对无言，多少人为此患得患失。然而尘缘如梦，几番起伏总不平，有些事似乎早已注定。天下无不散之筵席，当情缘已尽时，究竟孰对孰错谁又说得清、道得明？

缘分就是这样，亦如花要凋谢、叶要飘零，你纵有千般不舍，又如何阻挡？情到断时自然断，人到无情必然走，你又如何挽留？世间万物，一切随缘，缘来则聚，缘尽则散。人生在世，我们应懂得随缘而安，缘来不拒它，缘去不哀叹。在拥有的时候，就用心去珍惜，在失去的时候，也不要强求，强求亦不会得到满意的结果。既如此，为何不在最后时刻给自己留下尊严？一如杏林子所说："曾经相遇，曾经相拥，曾经在彼此生命中光照，即使无缘也无憾。将故事珍藏在记忆的深处，让伤痛慢慢地愈合。"

三

那么当爱走了，请放手。无论它是发生在自己身上还是对方身上，放手都是唯一的出路。

曾倩是一位医生，在一家很有名的医院工作。丈夫刘航是一家工程公司的老总，每天忙得不可开交，马不停蹄地在各地跑来跑去。两人见面的时间很少，只是偶尔在周末才聚一聚。

一次，曾倩和刘航偶然间在医院的急诊室相遇。刘航向妻子解释说："我带一个女孩来看病，她是我单位的员工，由于工作劳累过度晕倒了。"曾倩看了那女孩一眼，女孩看上去比刘航小很多，脸上带着点野性。曾倩心里有一种说不出来的感受。

之后她便偷偷地到丈夫工作的公司去打探。大家都说从来没有见过像她所描述的这样一个女孩。

曾倩听后，立即像失去重心一样。回来后，她给丈夫打了电话，说她已出差到了外地，要一个月以后才回去。

接着她便到丈夫的公司附近蹲守。

四

蹲守的结果证明，那女孩已经与刘航同居了很久。怎么办？是离婚还是抗争？曾倩陷入了极度痛苦的深渊。

那个晚上,她坐公共汽车回家。

车开得很慢,司机好像很懂曾倩的心情似的。车上只有三个乘客,另外两个乘客在给亲人打电话,脸上洋溢着幸福的表情。曾倩痛苦地闭上眼睛,回想起摊放在桌上半年多的《离婚协议书》。

突然有人叫她,是那位司机在跟她说话——"妹妹,你有心事?"

曾倩没有回答。

"我一猜您就是为了婚姻",曾倩的脸色微微地有点冷暗,可司机却当没看见一样继续说:"我也离过婚。"

曾倩眼睛微微一闪,便竖起耳朵细心倾听起来。

"我和妻子离婚了。"曾倩的心不由一紧。"她上个月已经同那个男人结婚了,他比她大4岁,做翻译工作,结过婚,但没孩子。听说,他前妻是得病死的。他性格挺好的,什么事都顺着我前妻,不像我性子又急又犟,他们在一块儿挺合适的。"

曾倩觉得这个司机很不寻常。

"妹妹,离婚不是什么丢人的事,你不要觉得在亲友当中抬不起头。我可以告诉你,我的妻子不是那种胡来的人,她和那个男人在大学里相爱四年,后来那个男人去了国外,两人才分手。那个男人在国外结了婚,后来妻子死了,他一个人在国外很孤独,就回来了。他们在同学聚会上见了面,这一见就分不开了。我开始也恨,恨得咬牙切齿。可看到他们战战兢兢、如履薄冰地爱着,我心累了,就成全了他们,也成全了我自己……"

车到家了,曾倩慢慢地走上楼。第二天她很平静地在《离婚协议书》上签了字。

在情感的世界中，我们可以失去爱情，但一定要留下风度。

因为无法放弃曾经有过的美好的感觉，无法放下曾经拥有的执著，就会让更多不美好的感觉压在自己的肩上、心头，让自己和对方一起痛苦纠结。那么，究竟是否惩罚了对方？这也许还是未知数，但是自己绝对是被惩罚最深的一个。因为，你剥夺了自己就从现在重新开始享受快乐和幸福的可能。

放弃不值得爱的那个人

原本我们以为不可失去的人，其实并不是不可失去。

你今天流干了眼泪，明天自会有人来逗你欢笑。你为他伤心欲绝，他却与别人你侬我侬。对于一个已不爱你的人，你为他百般痛苦可否值得？

李玲一直困扰在一段剪不断、理还乱的感情里出不来。

高骏的态度总是若即若离，其人也像神龙一样，见首不见尾。李玲想打电话给他，可是又怕接的人会是他的女朋友，会因此给他造成麻烦。李玲不想失去他，可是老是这样，有时自己也会觉得很无奈，她常常问自己:"我真的离不开他吗?""是的,我不能忘记他,即使只做情人也好。只要能看到他,只要他还爱我就好。"她回答自己。

但是该来的还是会来。

二

周一的下午,在咖啡屋里,他们又见面了。高骏把咖啡搅来搅去,一副心事重重的样子。李玲一直很安静地坐在对面看着他,她的眼神很纯净。咖啡早已冰凉,可是谁都没有喝一口。

他抬起头,勉强笑了笑,问:"你为什么不说话?"

"我在等你说。"李玲淡淡地说。

"我想说对不起,我们还是分开吧。"他艰涩地说。"你知道,我这次的升职对我来说很重要,而她父亲一直暗示我,要我和她近期结婚,所以……"

"知道了。"李玲心里也为自己的平静感到吃惊。

他看着她的反应,先是迷惑,接着仿佛恍然大悟了,忙试着安慰说:"其实,在我心里,你才是我的最爱。"

李玲还是淡淡地笑了一下,转身离开。

三

一个人走在春日的阳光下,空气中到处是春天的味道,有柳树的清香,小草的芬芳。李玲想:"世界如此美好,可是我却失恋了。"这时,那一种刺痛突然在心底弥漫。李玲有种想流泪的感觉,她仰起头,不让泪水夺眶。

走累了，李玲坐在街心花园的长椅上。旁边有一对母女，小女孩眼睛大大的，小脸红扑扑的。她们的对话吸引了李玲。

"妈妈，你说友情重要还是半块橡皮重要。"

"当然是友情重要了。"

"那为什么月月为了想要萌萌的半块橡皮，就答应她以后不再和我做好朋友了呢？"

"哦，是这样啊。难怪你最近不高兴。孩子，你应该这样想，如果她是真心和你做朋友就不会为任何东西放弃友谊，如果她会轻易放弃友谊，那这种友情也就没有什么值得珍惜的了。"母亲轻轻地说。

"孩子，知道什么样的花能引来蜜蜂和蝴蝶吗。"

"知道，是很美丽很香的花。"

"对了，人也一样，你只要加强自身，又博学多才。当你像一朵很美的花时，就会吸引到很多人和你做朋友。所以，放弃你是她的损失，不是你的。"

"是啊，为了升职放弃的爱情也没有什么值得留恋的。如果我是美丽的花，放弃我是他的损失。"李玲的心情突然开朗起来了。

若是一个人为名利前途而放弃你们之间的感情，你是不是应该感到庆幸呢？很显然，这样的人不值得你去爱。

事实告诉我们，对待感情要专一但不可过于偏执，否则伤害的只能是自己。

11
百年人生，不过一舍一得的重复

人的精力是有限的，时间和生命都是有限的。你不可能什么都想做，什么都想要。学会忽略生命中对你无关紧要的，简单地说，就是有取有舍，有所为，有所不为，小到做事，大到做人，都该如此。

得失之间看开一点

人生就好似一座天平，得失心过重或是过轻，都会失去平衡。

是故，应以平衡的心态、平衡的目光去看待得失。从得中看到失，从失中发现得。把握好得与失这架刚好平衡的天平。不要因为"得"而沾沾自喜，乐不可支，也不该因"失"而怨天尤人，痛不欲生。

其实，这世界上根本就没有什么东西是不可或缺的，若我们能做到即使失去但依旧感恩，幸福的阳光就会洒满我们的心扉。

无论失去或得到，只需用一颗平静的心去面对，缺也会是圆。

有位老人在行驶的火车上，不小心把刚买的新鞋掉到窗外一只，周围的人都替他感到惋惜。谁知，那位老人马上又把第二只鞋也从窗口扔了出去，旅客们着实看不明白老人的举动。随后，老人解释道："这一只鞋无论多么贵，对我来说也没有用了。如果有谁捡到一双鞋，说不定还能穿呢！"

显然，老人的行为已有了价值判断：与其抱残守缺，不如断然放弃。

我们失去过某些重要的东西，甚至因此在心里留下了阴影。究其原因，是我们没有调整好心态，从心理上承认失去，一直沉湎于已经不存在的东西。

普希金在一首诗中写道："一切都是暂时的，一切都会消逝；让失去的变为可爱。"有时，失去未必就是忧伤，而可能成为一种美丽；失去未必就是损失，也可能成为一种奉献。所以，不要再为失去伤精神，事实上，很多人、很多事，正是因为坦然接受失去才有了更好的获得，比如，虽断臂却不朽于世的维纳斯，虽失明却才华横溢的阿炳……想想他们，你是不是觉得，生活中其实没有什么东西是不能放手的？

其实，随着时间的推移我们就会慢慢发现，曾经自以为不可放手的东西，亦不过如此，跳过了，我们的人生就会变得愈加精彩起来。

三

其实有很多人，就是因为某些原因失去了他们本该拥有的，便得到了别人无法得到的。

有一个小男孩，10岁那年因为车祸失去了左臂，但他很想学习截拳道。后来，小男孩拜了一位截拳道大师为师，开始了自己的习武之路。他天分不错，可是整整练习了3个月，师傅就只教了他一招，小男孩有点摸不着头脑了。

终于有一天，他忍不住问师傅："师傅，我是不是应该再学一些其他招法呢？"师傅回答他："不，你只需要学会这一招就足够了。"小男孩并不是很明白，但是他很相信师傅，于是继续照着师傅的话练了下去。

几年以后，师傅第一次带着他去参加比赛。男孩自己都没有想到，他居然能够轻轻松松赢下前两轮。第三轮稍稍有点困难，但对手还是很快就变得焦躁，连连进攻，空门大漏，男孩敏捷地施展出自己那一招，又赢了！就这样，男孩"稀里糊涂"地进入了决赛。

决赛的对手比男孩高大、强壮许多，也似乎更有经验。打着打着，男孩显得有些招架不住了。裁判担心男孩受伤，叫了暂停，并打算就此终止比赛，然而师傅不答应，坚持说："继续下去！"

比赛重新开始后，对手放松了戒备，男孩立刻使出那招，制服了对手，最终获得了大赛冠军。

回家的路上，男孩与师傅一起回顾每场比赛的每一个细节，男孩鼓起勇气道出了心中的疑问:"师傅,我怎么会仅凭一招就赢得了冠军?"

师傅答道:"这有两个原因:第一,你几乎完全掌握了截拳道中最难的一招;第二,据我所知,对付这一招唯一的办法是对手抓住你的左臂。"

毫无疑问,无论怎么说,失去一只胳膊是不幸的,但如果因为不幸而就此低迷,那才是最大的不幸。这个小男孩,可以说苦难给了他不幸,但同时也给了他成功的契机。相对于小男孩而言,大多数人应该是很幸运的,而大多数人没有做出足以告慰自己的成绩,恰恰是因为我们大多数人都存在着心理惰性,我们四肢健全,但我们不肯像小男孩一样努力。

四

其实,这个世界一直都在遵守着能量守恒定律,生活让你失去了一部分,就必然会在另一部分中给予你补偿。

得到与失去,福禄与灾难,是辩证统一的,是相对而言而并非绝对,有时只是一瞬间、仅仅是一念之差,便会造就不同的结局。如果我们不能参透其中的哲理,无法辩证地看待得与失、福与祸,就会产生不必要的心理负担,并为此痛苦不已。

我们应该这样:当我们得到之时,我们不能狂喜,在心中保持一份淡然;当我们失去之时,我们不要悲伤,让自己看开些。生活就是这样,有时缺陷可以变成优势。所以,当你拥有缺陷时,不必耿耿于怀,因为生活本来就有它的两面性。

该放下的就不要勉强

一

生活中要面对的"取舍"问题很多,不可取而又不愿舍的故事时常上演。

比如,处在两个思维世界的男女朋友,感情冷淡、相互排斥、貌合神离的夫妻,为了种种的原因,就这样斩不断理还乱地勉强维持着关系,理由就是"这么多年的感情哪能说断就断""怎么说也要给孩子一个完整的家",结果呢,一直生活在痛苦当中。不知当中的他和她,是否忘了,自己也可以拥有追求幸福的权利。又何必苦了自己,也苦了别人的一生呢?

说一个身边朋友的故事吧。

二

她,还很年轻的时候,就已经察觉到老公在外面有了别的女人,当时,她几乎都要崩溃了。令人未曾想到的是,她竟然把这件事强忍了下来,她的理由就是,"为了孩子"。

为了孩子，她选择自己欺骗自己，就当这件事没有发生过，或者说就当自己没有发现过，继续维持着家庭的生活。但是，她毕竟是个有血有肉的人呀！长期生活在这样不幸的婚姻当中，压力、空虚和心理上的不平衡不断地冲击着她，当心理的承受能力达到极限时，她就会拿无辜的孩子来撒气，再到后来，甚至一想到这些事情，就乱骂、乱打孩子。无辜的孩子，常常就莫名其妙地遭了殃。而且，她还时常当着孩子面，用恶毒的语言讽刺、咒骂、攻击她的丈夫。长期生活在这样的家庭环境下，最后，孩子的精神世界也跟着崩溃了。现在，孩子已经长大成人，可是性格和行为上都有很大的缺陷。

三

想一想，在这段婚姻中，真正受到最大伤害的人是谁？其实是孩子！当然，她的遭遇也是不幸的，但她处理问题的方式，使这个不幸所波及的范围在不断扩大，如今，她自己、她的孩子都成了这件事情的受害者。造成了这个局面，其实她已经输了，就输在了不舍、不甘和自以为是上，不是吗？

现在，她上了年纪，孩子也已经长大了。但是，可怜的孩子也变"坏"了，他感觉不到爱，也学不会宽容和爱，他的世界观、价值观、道德观都偏离了正确的轨道，说话和做事的方式非常极端偏激。家里的亲朋好友也曾尝试和孩子去沟通，可怜的孩子，他给出答案是："在这样一个没有温暖的家庭，谁管过我的感受？他们两个人三天一小吵，五天一大吵，谁真正用心关心过我？甚至还拿我当出气筒！他们之间出了问题，难道我就必须要受罪吗？他们生我出来，难道就是用来撒气的吗？亲生父母都这样，我对这个世界失望了。我只不过是为了自己而活着。"

看到孩子的状况，她终于清醒过来，认识到并能够真正去面对自己的错误了。可是，在她愿意放下自己心里面的固执，愿意去办离婚时，当初那个乖巧懂事的孩子却无论如何也回不来了，他不肯原谅自己的父母。她很想去补救，可是孩子根本不给他们机会，他对他们已经绝望了。可怜的她，在痛苦中生活了这么多年，已近黄昏，幡然醒悟，可是，又是否能够享受到儿孙承欢膝下的天伦之乐呢？

四

明知道是痛苦的生活模式，却固执地选择坚持，到最后，只会让自己更加痛苦，不是吗？这是她犯下的最大错误，毁了自己，也毁了自己爱的人。

所以，当我们认识到，有些事情已经不能勉强、无法挽回的时候，不如问问自己：我干吗不放手呢？很多时候，感情也好，婚姻也好，其他事情也好，明明知道接下来的坚持，会对自己或是别人都造成一定的伤害，我们还要不要一门心思犟到底呢？生活中的很多事情都是需要放手的，换个方式处理问题，也许真的就海阔天空了呢。

当然，很多事情的发生都有特定的背景，当事人的处境也各有不同，所以处事也因人而异，这都要靠自己来体会、解决、化解。在这里，把一份祝福送给上面的那位朋友吧！至少她现在懂得了放下，明白了取舍，这不也是一件好事吗？虽然这顿悟来得晚了一点，代价也确实很大，但今后她一定能从"取舍"中找到让自己幸福的方法，因为跌倒过，智慧就长出来了，不是吗？同时，也希望所有人都能懂得"取舍"，该取的取来就是，该放的就不要勉强，那么幸福就会一直跟着你走。

得不到的，未必好

人常会出现这样一种错觉，认为那些得不到的东西才是最好的，总觉得那些够不着的东西才是自己最想要的。在这种错觉影响下，我们总是不停地仰望，不停地寻找。仰望那些看似离我们很近，实际遥遥无期的东西，寻找那镜中花，水中月。

事实上，得不到的东西未必就不可或缺。我们之所以认为它美好，只是因为在我们的思想里面常常有某种欲望，当这种欲望不能够得到满足的时候，就会令我们加倍地渴望，甚至是把它视为完美的想象，刺激我们去征服。然而，这实际上是一种煎熬。在镜花水月的迷惑下，很多人丢失了生命的真实，把生活变成了一种折磨。

二

认识一位小学老师，一直以来过着安分守己的日子。有一天，一位从来也没有听说过的远房亲戚在国外去世了，临终指定他成为遗产继承人。

那遗产就是一个价值万金的高档服饰商店。这位老师欣喜若狂，开始忙碌着为出国做各种准备。等到一切准备就绪，即将动身，他又得到通知，一场大火烧毁了那个商店，服饰也全部变为了灰烬。

这位老师空欢喜一场，重新返回到学校上班。他似乎也变成了另外一个人，整日愁眉不展，逢人便诉说自己的不幸："那可是一笔很大的财产啊，我一辈子的工资还不及它的零头呢。"

"你不是和从前一样，什么也没有丢失吗？"一个同事问道。

"这么一大笔财产，怎么能够说什么也没有失去呢？"老师心疼得叫起来。

"在一个你从来都没有到过的地方，有一个你从来都没有见过的商店遭了火灾，这与你有什么关系呢？"同事劝他看开些。

可是无论外人怎么劝，他都听不进去，每日生活在懊丧、遗憾之中。

在他没有得到的时候，他总是认为拥有了那个高档服装店之后的生活会是多么的完美无缺，于是在这种想象当中他就越来越痛苦。如果他换一种心态，不对那个高档服饰店过于期盼的话，也许就不至于如此悲惨。

辑二　求之不得，便与心求和

三

其实，如果一味地贪恋从来没有拥有过的东西，那么就会让自己被那些无谓的占有欲弄得闷闷不乐。未曾拥有的东西终究是虚无缥缈的，没有它，一样可以安安心心地活下去，甚至会活得更轻松、更美好。

一个男孩曾经爱上了一个女孩，他想尽办法讨女孩子的欢心。他认为女孩子是他心目当中的神，天使一般地温柔、漂亮、体贴、可爱。他总是千方百计地打听女孩子的喜好，尽量满足她的需求，每天都是这样，不辞劳苦。

可是，女孩子的心里已经有了别的男孩子，一直没有答应他，一次次地拒绝他。越是这样，男孩子就越把她想象得更加美好，摆出一副非她不娶的架势。

终于，男孩子用了半年的时间追上了那个女孩子。那个时候，女孩子处于失恋的状态。男孩和女孩子相处的时候，才发现女孩子并没有他想象中那么完美。

终于有一天，女孩子对男孩子大发脾气，男孩子也下定决心要离开她。他实在不能忍受她的种种毛病，他想，表面看上去如此完美的一个女孩子，怎么会是这样的呢？

于是男孩子长叹一声，说："真是想象欺骗了我啊。"

四

有些东西当我们得不到的时候，我们总是对其充满了幻想；等我们得到之后，很容易就发现了它的缺点，然后自然也就失去了兴趣。我们的心态往往就是这样，喜欢费尽心思去追求不属于自己的东西；真的得到了，就会放在眼前不屑一顾了；等失去了再去后悔，那个时候就显得太晚了。

行走红尘，别迷失了方向，别被不切实际的想法左右了行动，给心灵腾出一方空间，给人生腾出一条宽路，让那些够得着的幸福安全抵达。记住，攥在自己手里的，才是实实在在的幸福。

做自己该做的选择

人生就是一场比赛，在冲向终点的过程中，难免会有挫折坎坷，以及反对的声音。你是想要成功还是想要平凡无为？倘若有人对你说"停下吧，你的目标无法实现"，你又该如何应对？

几只蛤蟆在进行"田径比赛"，终点是一座高塔的顶端，周围有一大群蛤蟆前来观战。

比赛刚开始不久，观众便大声议论起来："真不知道它们是怎样想的，做这种不现实的事情，它们怎么可能蹦到塔顶呢？简直是天方夜谭！"

过了不久，观众们开始为蛤蟆选手们喝倒彩："喂，你们还是停下来吧！这场比赛根本不现实，这是不可能达到的！"

陆续地，蛤蟆选手们一一被说服，它们退却了，停了下来。然而，却有一只蛤蟆始终不为所动，一往无前地向前……向前……

比赛结果，其他蛤蟆选手全部半途而废，唯有那只蛤蟆以惊人的毅力完成了比赛。所有蛤蟆都很好奇——为什么它有这么强的毅力呢？这时它们才发现，原来它是一只聋蛤蟆。

别人的评价，不能够成为你行动的基准，如此一来，还有什么自我可言？有些时候，我们索性就让自己做一只"聋蛤蟆"吧！这样，你反而会收获更多。

英国剑桥郡的世界第一名女性打击乐独奏家伊芙琳·格兰妮说："从一开始我就决定：一定不要让其他人的观点阻挡我成为一名音乐家的热情。"

她出生在苏格兰东北部的一个农场，从8岁时她就开始学习钢琴。随着年龄的增长，她对音乐的热情与日俱增。但不幸的是，她的听力却在渐渐地下降，医生们断定是由于难以康复的神经损伤造成的，而且断定到12岁，她将彻底耳聋。可是，她对音乐的热爱却从未停止过。

她的目标是成为打击乐独奏家，虽然当时并没有这么一类音乐家。为了演奏，她学会了用自己特有的方式来感受其他人演奏的音乐。她不穿鞋，只穿着长袜演奏，这样她就能通过她的身体和想象感觉到每个音符的震动，她几乎用她所有的感官来感受着她的整个声乐世界。

她决心成为一名音乐家，于是她向伦敦著名的皇家音乐学院提出了申请。

因为以前从来没有有问题的学生提出过申请，所以一些老师反对接收她入学。但是她的演奏征服了所有的老师，她顺利地入了学，并在毕业时荣获了学院的最高荣誉奖。

从那以后，她的目标就致力于成为一位出色的专职的打击乐独奏家，并且为打击乐独奏谱写和改编了很多乐章，因为那时几乎没有专为打击乐而谱写的乐谱。

至今，她已经成为一位出色的专职打击乐独奏家了，因为她很早就下了决心，不会仅仅由于医生诊断而放弃追求，因为医生的诊断并不能阻止她对音乐执著的热爱与追求。

如果她是个软弱的人，只是听从医生给她下的结论而不与命运去抗争，那样她的音乐才华不仅会泯灭，人类历史上也会少了一个著名的打击乐演奏家。

三

人生难免会遇到这种情况，很多时候，旁观者会对你做出主观评价，以他们的视角来审视你的人生。于是，往往会对你做出不公正的"宣判"。这时，请不要在意别人的看法，做你自己，做你自己该做的选择，画出你自己的人生色彩！

被嘲笑的梦想，若依旧不离不弃，往往会迎来实现的那一天，让心怀梦想的人得到命运的馈赠。

这个世界上，没有谁会像你一样清楚和在乎自己的梦想，无论别人怎么看你，你绝不能打乱自己的节奏。不要让别人否认的目光扰乱你内心的平静。你的生命中可能会出现两种人：一种人会消耗你的能量和创造力；另一种人会给你能量，支持你的创造，或者只是一个简单的微笑。拒绝第一种人。让自己快乐起来，去做自己想做的人。有人不喜欢，由他去吧。

假如说你只是一只风筝，可能会身不由己地随风飘曳；假如说你是断梗浮萍，可能不得不顺水而动。但你都不是，你是人，评价于你，犹如清风拂耳，应该是风过而不留任何痕迹。

想清楚什么对你最重要

老子："五色令人目盲；五音令人耳聋；五味令人口爽；驰骋畋猎令人心发狂；难得之货令人行妨。是以圣人为腹不为目，故去彼取此。"大意是说，如果一个人过分追求感官刺激，则会伤其身、乱其心。

的确，人一旦被欲望缠上了身，就难以得到安宁，时刻仿佛有大患在身，无论得宠还是受辱，在心理上都时时会处于惊恐之中。

利奥·罗斯顿是美国最胖的好莱坞影星，腰围 6.2 英尺，体重 385 磅。他在英国演出时，因心肌衰竭被送进汤普森急救中心。抢救人员用了最好的药，动用了最先进的设备，仍未能挽回他的生命。

临终前，罗斯顿曾绝望地喃喃自语：你的身躯很庞大，但你的生命需要的仅仅是一颗心脏！罗斯顿的这句话，深深触动了在场的哈登院长，作为胸外科专家，他流下了泪。为了表达对罗斯顿的敬意，同时也为了提醒体重超常的人，他让人把罗斯顿的遗言刻在了医院的大楼上。

后来，一位叫默尔的美国人也因心肌衰竭住了进来。他是位石油大亨，后来战争使他在美洲的 10 家公司陷入危机。为了摆脱困境，他不停地往来于各国之间，最后旧病复发，不得不住进医院来。他在汤普森医院包了一层楼，增设了 5 部电话和两部传真机。当时的《泰晤士报》是这样渲染的：汤普森——美洲的石油中心。

默尔的心脏手术很成功，他在这儿住了一个月就出院了。不过他没回美国。他在苏格兰乡下有一栋别墅，是 10 年前买下的，他在那儿住了下来。汤普森医院百年庆典时，他被邀请参加。记者问他为什么卖掉自己的公司，他指了指医院大楼上的那一行金字。不知记者是否理解了他的意思。总之，在当时的媒体上没找到与此有关的报道。

后来人们在阅读默尔的传记时发现了这么一句话：富裕和肥胖没什么两样，也不过是获得超过自己需要的东西罢了。

三

人，应该了解自己的真实需求，把其他的一切慢慢放下，这样的人活着才是为了自己。可是，谁都有些东西难以割舍，时间长了就变成痛苦的执著。

想象一下，如果有一个地方，能让我们心安，能让我们抛却浮躁，那不正是我们理想的栖息地吗？我们又何必刻意地去寻找呢？一片生机盎然的花圃，一座巍巍葱茏的大山，一场密密匝匝的雪花，一本泛着墨香的书卷，都可以成为我们自由的栖息地，都可以容纳我们放逐的心灵和漂泊的意志。

有的人对生命有太多的苛求，弄得自己生活在筋疲力尽之中，从没体味过幸福和欣慰的滋味，生命也因此局促匆忙，忧虑和恐惧时常伴随，一辈子实在是糟糕至极。索性不如学会放下，给生命一份从容，给自己一片坦然。

12 ▶

以出世的心怀，面对入世的诸事

对每一个人来说，人生都是一种不断修行和参悟的过程，只是说，看你往哪方面修，往哪里行。生活给我们设置太多障碍和陷阱，一些人被困住了，棘地荆天，而另一些人脱离了障碍与陷阱，领悟了生活的真谛。

别让别人干扰你的快乐

一个成熟的人，应该掌握自己快乐的钥匙，不依赖别人给予自己快乐，并努力将快乐带给别人。其实，每个人心中都有一把快乐的钥匙，只是大多时候，人们将它交给了别人来掌管。

譬如有些女士说："我活得很不快乐，因为老公经常因为工作忽略我。"她把快乐的钥匙放在了自己老公手里。

一位母亲说:"儿子没有好工作,老大不小也娶不上个媳妇,我很难过。"她把快乐的钥匙交在了子女手中。

一位婆婆说:"儿媳不孝顺,可怜我多年守寡,含辛茹苦将儿子带大,我真命苦。"

一位先生说:"老板有眼无珠,埋没了我,真让我失落。"

一个年轻人从饭店走出来说:"这家店的服务态度真差,气死我了!"

……

这些人都把自己快乐的钥匙交给了别人掌管,他们让别人控制了自己的心情。

当我们容忍别人掌控自己的情绪时,我们在头脑中便把自己定位成了受害者,这种消极设定会使我们对现状感到无能为力,于是怨天尤人成了我们最直接的反应。接下来,我们开始怪罪他人,因为消极的想法告诉我们:自己之所以这样痛苦,都是"他"造成的!所以我们要别人为我们的痛苦负责,即要求别人使我们快乐。这种人生总是极轻易地被他人左右,可怜而又可悲。

积极的心态就是要我们重新掌控自己的人生,拿回自己的快乐钥匙。

"二战"时期,在纳粹集中营里,有一个叫玛莎的小女孩写过一首诗:

"这些天我一定要节省,我没有钱可节省,我一定要节省健康和力量，足够支持我很长时间。我一定要节省我的神经、我的思想、我的心灵、我精神的火。我一定要节省流下的泪水，我需要它们很长时间。我一定要节省忍耐，在这些风雪肆虐的日子，情感的温暖和一颗善良的心，这些东西我都缺少。这些我一定要节省。这一切是上帝的礼物，我希望保存。我将多么悲伤，倘若我很快就失去了它们。"

在生命都遭受到威胁的时刻，这个叫玛莎的小女孩仍然通过积极的暗示给灵魂取暖。她不怨天尤人，而是将希望之光一点点聚敛在心里，或许生命中有限的时间少了，但心中的光却依然很多。那些看似微弱的火光，足以照亮她所处的阴暗角落。

纵然生命都不能掌握，但属于自己的快乐依然可以由我们自己来主宰，这就是积极心态的力量。

三

如果你处在寒冷的冬季，那么就去想象春天的生机，因为冬天来了，春天还会远吗？

如果你遭逢风雨，就去想象射穿乌云的太阳，因为它会带来彩虹的绚丽。

就算人生遇到了巨变，只要你去做快乐的想象，你就可以把苦涩的泪水留给昨日，用幸福的微笑迎接未来。

以我观物，万物皆着我之色彩。快乐的源泉是自己，而非他人！你想要快乐，就能拥抱快乐；你放弃快乐，就只能继续痛苦。以积极的心态去想象你的家人、你的朋友、你的工作，包括你自己，以感恩的心去感受生活，这样是不是会快乐多一点，痛苦少一点呢？

其实，快乐并不在远方，它就在你身旁，你可以自主选择快乐，而快乐也很愿意自动留下来。

四

认识一位冥想老师，他练习瑜伽冥想多年。

那天问他："你每天笑得跟个天真的孩子似的，你的快乐是发自内心的、还是做给那些学生看的？如果是真的话，你是怎么做到的呢？"

他的回答是："我的快乐绝对是真实的。到了我们这个年纪，该经历的苦与乐都经历得差不多了。我的快乐源于一种感悟，总结起来就三个字'不干涉'。不让别人干涉你的情绪，你也别干涉自己的情绪。我给你解释一下：我们只要活着就会遇到一些人，有好人也有坏人；就会产生一些情绪，正面的、负面的都有，快乐或者不快乐。我们不要太受影响，不要让这些干涉你，你也不要去干涉这些情绪。人的本性是真善美，当你让那些好的、不好的情绪自己离开时，你就会发现，留下来的都是那些好的感觉，人就会积极，快乐。"

排除世界的干扰，也不去干扰这个世界，让那些正能量、负能量自然而然地离开，我们就会开始接受我们自己，领略内心的满足和快乐。我们也就握住了快乐的钥匙。

修炼好"不在意"的功夫

一

人生最忌讳的就是太在意,太在意。在意到为其舍生忘死,一命归西,最终还是免不了一场失意的结局……

太在意有时只会让你更失意,人生的舞台上,谁没有得与失?或多或少,总有失意的时候。若是执著于此,便难得快乐。

人生需要一些不在意,不在意,任何失意都将随风而去。人生百年,逝者如斯,何不让那些烦恼和忧愁,随着天上白云渐渐飘远,最后消失在漫无边际的天空之中?

平淡是真,别太在意,是内心祥和、物我两忘的一种修养、一种胸怀,更是人生境界的极致。唯有别太在意,才能把心灵超脱,笑看云卷云舒,静观花开花落。唯有别太在意,才能放下包袱,充满乐趣地活着。

二

乡村有一对清贫的老夫妇,有一天他们想把家中唯一值点钱的一匹马拉到市场上去换点更有用的东西。老头牵着马去赶集了,他先与

辑二　求之不得，便与心求和

人换得一头母牛，又用母牛去换了一只羊，再用羊换来一只肥鹅，又把鹅换了母鸡，最后用母鸡换了别人的一口袋烂苹果。

在每次交换中，他都想给老伴一个惊喜。

当他扛着大袋子来到一家小酒店歇息时，遇上两个英国人。闲聊中他谈了自己赶集的经过，两个英国人听后哈哈大笑，说他回去准得挨老婆子一顿揍。老头子坚称绝对不会，英国人就用一袋金币打赌，三人于是一起回到老头子家中。

老太婆见老头子回来了，非常高兴，她兴奋地听着老头子讲赶集的经过。每听老头子讲到用一种东西换了另一种东西时，她都充满了对老头的钦佩。

她嘴里不时地说着："哦，我们有牛奶了！"

"羊奶也同样好喝。"

"哦，鹅毛多漂亮！"

"哦，我们有鸡蛋吃了！"

最后听到老头子背回一袋已经开始腐烂的苹果时，她同样不愠不恼，大声说："我们今晚就可以吃到苹果馅饼了！"

结果，英国人输掉了一袋金币。

不要为失去的一匹马而惋惜或埋怨生活，既然有一袋烂苹果，就做一些苹果馅饼好了，这样生活才能妙趣横生、和美幸福。

三

这个世界上，没有吃不了的苦，也没有走不完的路。当你烦恼时，请告诉自己："不必太在意！"当你失恋的时候，不必太在意。因为没有缘分,所以分手。既然月老还没有把你的姻缘定下来,你又何必太在意呢?

当你工作不顺利时,不必太在意。想一想,你苦恼也好,难过也罢,即使吃不下睡不着,也无济于事,只会雪上加霜。所以,最好的办法,就是不去在意它,以一颗平常心去面对现实,去想更好的办法,解决它。

其实,人生就像走路一样,有曲折,有坎坷,有通衢,有美景。面对顺境不要沾沾自喜,面对逆境也不必怨天尤人,只要牢记凡事"不必太在意",只要热爱生活,以平和的心境去面对人生,面对这大千世界,相信就会走出精彩的人生。

不争,也有属于你的世界

老子曾经说过:"夫唯不争,故天下莫能与之争。"只要有一种看透一切的格局,就能做到豁达大度;把一切都看作"没什么",才能在慌乱时,从容自如;忧愁时,增添几许欢乐;艰难时,顽强拼搏;得意时,言行如常;胜利时,不醉不昏。只有如此放得开的人,才是豁达大度之人。

麦金利任美国总统时，任命某人为税务主任，但为许多政客所反对，他们派遣代表进谒总统，要求总统说出派那个人为税务主任的理由。为首的是一位国会议员，他身材矮小，脾气暴躁，说话粗声恶气，开口就给总统一顿难堪的讥骂。如果换成别人，也许早已气得暴跳如雷，但是麦金利却视若无睹，不吭一声，任凭他骂得声嘶力竭，然后才用极温和的口气说："你现在怒气应该可以平和了吧？照理你是没有权力这样责骂我的，但是，现在我仍愿详细解释给你听。"

这几句话把那位议员说得羞惭万分，但是总统不等他道歉，便和颜悦色地说："其实我也不能怪你。因为我想任何不明究竟的人，都会大怒若狂。"接着他把任命理由解释清楚了。

不等麦金利总统解释完，那位议员已被他的大度折服。他懊悔不该用这样恶劣的态度责备一位和善的总统，他满脑子都在想自己的错。因此，当他回去报告抗议的经过时，他只摇摇头说："我记不清总统的解释，但有一点可以报告，那就是——总统并没有错。"

做人首先是要有一颗博大的心，这颗心的格局要大。心的格局有多大，人生的成就才有多大。不是有"海纳百川，有容乃大"这句话吗？这句话被许多人看成自己做人的准则，麦金利就是其中之一。

在我们生活的社会里，许多事情，尤其是小事情，如果看开一些，自己的心胸就宽大了。

别让金钱颠覆你的灵魂

一

生命的悲哀不在于贫穷，而在于贫穷时所表露的卑微，在于因为物质而变得无知，从而失去存在的价值感和方向感。

所以，我们要随时检点自己的心灵，找到灵魂深处的闪光之处，别让它的灵光为物质所蒙蔽。

《扬子晚报》报道，江苏宿迁一位李姓先生花2元钱买福利彩票，中了1254万的大奖。因为过度紧张，他竟三天三夜不吃不喝不眠，还吓得去医院输了三天液。领奖时，他浑身颤抖，藏有中奖彩票的塑料袋密封条居然多次无法打开，甚至无法在完税单签上自己的名字。

当意外之财到来时，他欣喜之余有了更多的担忧，彩票不计名、不挂失，存放彩票就成了大问题，彩票被他先后藏在家中的鞋柜、橱柜、冰箱、抽屉、衣柜、书橱等地，而且不停地变换。这位先生到了南京住进宾馆以后，如何保管彩票又让他烦恼无比，于是出现了让人无法理解的一幕：他去钟表店买了10个密封钟表零件的防水塑料袋，给中奖彩票穿上了6层"保护衣"，确认完全防水以后，将彩票放进

辑二　求之不得，便与心求和

了抽水马桶里面，还每隔 10 分钟再去查看一次彩票的安全。直到领奖时，他还是不放心，对工作人员说："你们一定要保密啊，一定要保证我的安全！"

买彩票中奖的概率本来就低，而中 1254 万元的大奖更是微乎其微。这位先生本来就不是一个富有的人，财富来得太突然，不仅没有带来欣喜，反而成为精神上的巨大负担。

中奖后的李先生几乎疯掉，这"天大的惊喜"他也不敢告诉妻子，"因为她有心脏病，怕太激动会出事。"有了自己的"深刻教训"，李先生说自己先告诉妻子中了 50 万元，让她高兴一阵子后，再交出 50 万元，直到完全接受中大奖的事实。

李先生夫妇的事让人看了难免想笑，但笑过之后我们不妨客观地问问自己：倘若让"我"遇到了这等好事，又会怎样？会不会表面上对物质持一种超然的态度，实际上看得比人家还重？

财富这东西需要有，但不能为之癫狂，金钱面前要保持一种淡然的姿态，你淡然了，就不会为它左右，做出种种滑稽甚至是糊涂的事来。

人，应该更多地去追求内在的东西、精神上的东西，在精神上多丰富内心的生活，这才是幸福的源泉。外在的东西可能是构成幸福的某种条件，但也仅仅是条件而已，它可以对幸福有所帮助，但必须通过精神幸福才能转变。那么，又何必把物质看得太重？这不是本末倒置吗？

那些真实的，才是美好的

一

当一生的浮华都化作云烟，一世的恩怨都随风飘散，若能依旧两手相牵，又何惧姿容褪尽、鬓染白霜？活在真实的世界里，让心，在繁华过尽时依然温润如初。

那年情人节，公司的门突然被推开，紧接着两个女孩抬着满满一篮红玫瑰走了进来。

"请敏儿小姐签收一下。"其中一个女孩礼貌地说道。

办公室的同僚们都看傻眼了，那可是满满一篮红玫瑰，这位仁兄还真舍得花钱。正在大家发怔之际，文文打开了花篮上的录音贺卡："敏儿，愿我们的爱情如玫瑰一般绚丽夺目、地久天长——深爱你的峰。"

"哇！太幸福了！"办公室开始嘈杂起来，年轻女孩子都围着敏儿调侃，眼中露出难以掩饰地羡慕光芒。

年过30的女主管看着这群丫头微笑着，眼前的景象不禁让她想起了自己的恋爱时光。

二

老公为人有些木讷，似乎并不懂得浪漫为何物，她和他恋爱的第一个情人节，别说满满一篮红玫瑰，他甚至连一枝都没有买。更可气的是，他竟然送了她一把花伞，要知道"伞"可代表着"散"的意思。她生气，索性不理他，他却很认真地表白："我之所以送你花伞，是希望自己能像这伞一样，为你遮挡一辈子的风雨！"她哭了，不是因为生气，而是因为感动。

诚然，若以价钱而论，一把花伞远不及一篮红玫瑰来得养眼，但在懂爱的人心中，它们拥有同样的内涵，它们同样是那般浪漫。

爱，不应以车、房等物质为衡量标准；在相爱的人眼中，不应有年老色衰、相貌美丑之分。爱是文君结庐当垆的执著与洒脱，爱是孟光举案齐眉的尊重与和谐，爱是口食清粥却能品出甘味的享受与恬然，爱是"执子之手，与子偕老"的生死契阔。在懂爱的人心中，爱俨然可以超越一切的世俗纷扰。

三

爱的故事又何止千万？其中不乏欣喜、不乏悲戚；不乏圆满、不乏遗憾。那么，看过下面这个故事，不知大家从中能够领会到什么。

雍容华贵、仪态万千的公主爱上了一个小伙，很快，他们踩着玫瑰花铺就的红地毯步入了婚姻殿堂。故事从公主继承王位、成为权力威慑无边的女王说起。

随着岁月的流逝，女王渐渐感到自己衰老了，花容月貌慢慢褪却，不得不靠一层又一层的化妆品换回昔日的风采。"不，女王的尊严和威仪绝不能因为相貌的萎靡而减损丝毫！"女王在心中给自己下达了圣旨，同时她也对所有的臣民，包括自己的丈夫下达了近乎苛刻的规定：不准在女王没化妆的时候偷看女王的容颜。

那是一个非常迷人的清晨，和风怡荡，柳绿花红，女王的丈夫早早起床在皇家园林中散步。忽然，随着几声悦耳的啁啾鸟鸣，女王的丈夫发现树端一窝小鸟出世了。多么可爱的小鸟啊！他再也抑制不住内心的喜悦，飞跑进宫，一下子推开了女王的房门。女王刚刚起床，还没来得及洗漱，她猛然一惊，仓促间回过一张毫无粉饰的白脸。

结局不言而喻，即使是万众敬仰的女王的丈夫，犯下了禁律，也必须与庶民同罪——偷看女王的真颜只有死路一条。

四

女王的心中充满了悲哀，她不忍心丈夫因为一时的鲁莽和疏忽而惨遭杀害，但她又绝不能容忍世界上任何一个人知道她不可告人的秘密。斩首的那一天，女王泪水涟涟地去探望丈夫，这些天以来，女王一直渴望知道一件事，错过今日，也就永远揭不开谜底了。终于，女王问道："没有化妆的我，一定又老又丑吧？"

女王的丈夫深情地望着她说："相爱这么多年，我一直企盼着你能够洗却铅华，甚至摘下皇冠，让我们的灵魂赤诚相融。现在，我终于看到了一个真实的妻子，终于可以以一个丈夫的胸怀爱她的一切美好和一切缺欠。在我的心中，我的妻子永远是美丽的，我是一个多么幸福的丈夫啊！"

故事最后的结局呢？显然已不重要！它让我们知道，真正的爱情可以穿越外表的浮华，直达心灵深处。然而，喜爱猜忌的人们却在人与人之间设立了太多屏障，乃至于亲人、爱人之间也不能以坦然相对。除去外表的浮华，卸去心灵的伪装，活在真实的世界里，才可以实现人与人的真正融合，而这才是最美好的。

13 ▶
在世俗纷扰的世界里，做个逍遥自在的人

人的欲望无穷无尽，不加控制，就会慢慢开始掠夺我们的生命，偷走我们的潜力，消耗了我们有限的资源，使我们不能将自己的精力、财力等集中于自己所希望拥有的生活上。唯有懂得选择、学会放弃的人，我们才能拥有一个轻松愉快的旅程。

懂得放弃，才能重新开始

在人生旅程中，的确有很多东西都是靠努力打拼得来的，因其来之不易，所以人们才会经常在拥有之后再不愿意放弃。

比如让一个曾经辉煌非凡的人放下自己的身份，忘记自己过去所取得的成就，回到平淡、朴实的生活中去，肯定不是一件容易的事情。但是有时候，你必须放下已经取得的一切，否则你所拥有的反而会成为你生命的桎梏。

生命的整个过程总不会是一帆风顺，成与败，得与失，都是这过程的装饰，一路走来繁花锦簇也好，萧瑟凄凉也罢，终究会成为过眼云烟，重要的是自己心里的感受。

《茶馆》中常四爷有句台词："旗人没了，也没有皇粮可以吃了，我卖菜去，有什么了不起的？"他哈哈一笑。可孙二爷呢："我舍不得脱下大褂啊，我脱下大褂谁还会看得起我啊？"于是，他就永远穿着自己的灰大褂，可他就没法生存，他只能永远伴着他那只黄鸟。

二

生活中，很多人舍不得放下所得，这是一种视野狭隘的表现，这种狭隘不但使他们享受不到"得到"的幸福与快乐，反而会给他们招来杀身之祸。秦朝的李斯，就是一个很好的例证。

李斯曾经位居丞相之职，一人之下，万人之上，荣耀一时，权倾朝野，虽然当他达到权力地位顶峰之时，曾多次回忆起恩师"物忌太盛"的话，希望回家乡过那种悠闲自得、无忧无虑的生活，但由于贪恋权力和富贵，所以始终未能离开官场，最终被奸臣陷害，不但身首异处，而且殃及三族。李斯是在临死之时才幡然醒悟的，他在临刑前，拉着二儿子的手说："真想带着你哥和你，回一趟上蔡老家，再出城东门，牵着黄犬，逐猎狡兔，可惜，现在太晚了！"

三

尽管掌声能给人带来满足感，但是大多数人在舞台上的时候，其实却没有办法做到放松，因为他们正处于高度的紧张状态，反而是离开自己当主角的舞台后，才能真正享受到轻松自在。虽然失去掌声令人惋惜，但放下后的重新开始却是为了进行更深层次的学习，一方面挖掘自己的潜力，一方面重新上紧发条，平衡日后的生活。

作家尹萍曾经做过杂志主编，翻译出版过许多知名畅销书，她在40岁事业最巅峰的时候选择了退下来当个自由人，重新思考人生的出路，后来她说："在其位的时候总觉得什么都不能舍，一旦真的舍了之后，才发现好像什么都可以舍。"

为什么非要得到一切呢？活着就是老天最大的恩赐，健康就是财富，你对人生要求越少，你的人生就会越快乐。对于我们这些平凡人来说，能怀一颗平常善良之心，淡泊名利，对他人宽容，对生活不挑剔、不苛求、不怨恨。富不行无义，贫不起贪心，这就是一种人生的练达。

得失成败，人生在所难免；潇洒来去，苦乐皆成人生美味。

不要一味地追逐着远方

人生的一大悲哀就是，对自己已拥有的东西很难再想起，而对失去的东西却念念不忘。

其实，我们大可不必这样，因为，握不住的沙，无论十指怎样紧扣，仍然会漏；属于你的，其实一直都在你的身边。而我们之所以感觉不到幸福，往往就是因为，我们正处在幸福之中，就像贾岛的《寻隐者不遇》中说的："不识庐山真面目，只缘身在此山中。"

禅师把一个满心忧愁的人带到高山前，问："此山如何？"

那人说："伟岸、高大、挺拔、秀美。"

禅师淡淡道："跟我上山吧。"

走着走着，那人累了，乏了，路不好走，他开始抱怨。等到了山顶，禅师又问：你再看这山，感觉如何？

那人说："这个山不好，都是碎石路，树也没长好。远远望去，对面的山更好。"

山没有变，是你的心变了而已。心变了，眼神就变了。没有了崇拜，山就不再伟岸。你抱怨越多，伤害就越多。你为什么能在山顶看到其他的高山？是因为你脚下踩的山提升了你的眼光。一个人只有懂得珍惜现在所拥有的才会真正幸福！

二

有一个年轻人要给女朋友送生日礼物，可却不知道送什么好，于是去问祖母："如果明天是你20岁的生日，你想要什么礼物呢？"祖母说："如果明天是我20岁生日，那我什么都不要了。"

是啊，宝贵的青春和生命，不就是大自然最富有爱心的礼物吗？有此足以，还需要苛求什么？为什么我们总是看不到自己已经拥有的东西，总是要去抱怨自己没有的呢？在我们生活的展台上，让人流连忘返的东西形形色色、不计其数，我们都想去触及，但显然不能尽如人愿，于是有了痛苦、有了失落，但事实上，这并不是我们生活的必需品，真正支撑自己生存的是脚下的这片土地，是你现在有的，而不是将要获得的。

朱德庸曾在《在一个时代里缓行》中写道：我们周围的东西都在增值，而我们的人生却在悄悄贬值。可不是这样吗？现代人的追求越发多样、越发复杂，不停地追逐，不停地得到，然后又不停地失去兴趣，接着再马不停蹄地追逐，到最后呢，一样也带不走，反而身心俱惫。

三

我们总是觉得，只有拥有财富和权力才能够让自己幸福，因而为此拼命消耗自己，我们似乎很乐意被生活牵着鼻子走，连躺在草地上晒晒太阳的时间都没有。我们根本看不见自己已经拥有的。而事实上，能够珍惜所拥有的，这才是最大的幸福。

有一位常年住在窑洞中的农民，每天都是吃玉米和土豆，一个装衣服的柜子就是家里最值钱的东西。可是他整天无忧无虑，早上唱着歌儿去干活，晚上又唱着歌儿回家。很多人根本就不明白他乐的是什么。他说："我渴了有水喝，饿了有饭吃，夏天住在窑洞里面不用电扇，冬天热乎乎的炕头胜过暖气，日子过得好极了。"

这难道不能视之为一种幸福吗？其实，我们大部分人所拥有的条件已经远远地超过了这位农民，可是却常常被我们所忽略。而他能够珍惜自己所拥有的一切，从来不会因为自己欠缺的东西而苦恼，这就是他能感受到幸福的真正原因。

四

　　生活就是一次旅行，我们都在不断给自己加油，想让自己行驶得更快，我们一直着眼于还未得到的东西，却忽视了自己已经得到的东西。然而，我们今天不珍惜自己所拥有的，那么即使明天得到了想要的，也一定感受不到乐趣。如玻璃，你若懂得珍惜，你便会把这块玻璃完整地包好，小心翼翼地保存好；若相反，你若不懂得珍惜，即便是再美好的东西到你那里也是毫无价值，甚至于这件东西会被你毁坏。

　　有时候，我们唱了一路的歌，却发现无词无曲；我们走了很远的路，却忘了为何出发。所以，不要只望着远方，应着眼于现在，不要一味追逐得不到和未得到的非必需，而忽略了自己真正已拥有的财富。

富贵于你应如浮云

一

　　人生在世，贵在淡然自若，不排斥物质财富对于生活的有益之处，但也不过份倚重，富贵于人应如浮云也。

　　传说，很早以前有一位国王，名叫难陀，非常贪心，拼命聚敛财宝，希望把财宝带到他的后世去。因为贪婪，他把自己的女儿置于高楼，吩咐奴仆说："如果有人带着财宝来求我的女儿，把这个人连他的财宝一起送到我这儿来！"他用这样的办法聚敛财宝，全国没有一个地方会留有宝物，所有的财宝都进了国王的仓库。

有个寡妇，只有一个儿子，心中很是疼爱。这儿子看见国王的女儿姿态优美，容貌俏丽，很是动心。可他家里穷，没法结交国王的女儿。不久，他生起病来，身体瘦弱，气息奄奄。母亲问他："你害了什么病，病成这样？"

儿子如实相告："如果不能和国王的女儿交往，我必死无疑。"

"但国内所有的财宝都被国王收去了，到哪弄钱呢？"母亲又想了一阵，说道，"你父亲死时，口中含了一枚金币，如果把坟墓挖开，可以得到那枚金币，你用它去结交国王的女儿吧。"

儿子取出金币后，来到国王女儿那里。他连同那枚金币被送去见国王。国王问道："国内所有的财宝，都在我的仓库，你从哪里得来这枚金币？一定是发现地下宝藏了吧！"

国王用尽种种刑具，拷问寡妇的儿子，想问出金币的来处。寡妇的儿子辩解："我真没有发现地下宝藏。母亲告诉我，先父死时，放过一枚金币在口中，我就去挖开坟墓，取出了这枚金币。"

国王派人去检验真假。使者前去，发现果有其事。国王听到使者的报告，心想："我先前聚集这么多宝物，想把它们带到后世。可那个死人却连一枚金币也带不走，我要这些珍宝又有何用？"从此，国王不再敛财，一心教化民众，他的国家也因此日渐兴盛。

虽是传说，但道理很透彻。为人，应淡看富与贵。要知道，物质的富贵是混沌和短暂的;"身心自由无欲求"的富贵心态,才是一种纯粹和永恒的乐。

二

人生中真正有价值的,是拥有一颗开放的心,有勇气从不同的角度衡量自己的生活。那样,生命才会不断更新,每一天都会充满惊喜。

有这样一个企业家,他为了让自己那整日精神不振的孩子懂得知福、惜福,便将其送到当地最贫穷的村落住了一个月。一个月后,孩子精神饱满地回来,脸上并没有任何不悦,这让企业家感到很不可思议。

他想知道孩子有何领悟,便问儿子:"怎么样?现在你应该知道,不是每个人都能像我们过得这样好吧?"

儿子说:"不,他们的日子比我们好。我们晚上只有电灯,而他们有满天星星;我们必须花钱才买到食物,而他们吃的是自己栽种的免费粮食;我们只有一个小花园,可对他们来说,山间到处都是花园;我们听到的是城市里的噪音,他们听到的却是大自然的天籁之音;我们工作时精神紧绷,他们一边工作一边哼着歌;我们要管理佣人、管理员工,有操不完的心,他们只要管好自己;我们要关在房子里吹冷气,他们却能在树下乘凉;我们担心有人来偷钱,他们没什么好担心的;我们老是嫌饭菜不好吃,他们有东西吃就很开心;我们常常无故失眠,他们每夜都睡得很香……"

三

人生的价值究竟应怎样诠释?每个人心中都有一个答案。但事实上，金钱绝不是衡量人生的标准，为金钱而活是愚人的行径，智者追求的财富除了金钱以外，还会包括健康、青春、智慧……

物质上的富有只是一种狭隘、虚浮的富有，而心灵上的富有，才是真正的富有。人生的真正价值应在于，你能否利用有限的精力，为这世界创造无限的价值。一如露珠，若在阳光下蒸发，它只能成为水气；若能滋润其他生命，它的价值就得到了升华，这才是真正的价值所在。

始终保持心灵的富足与高贵

高贵的物质生活不是高贵的诠释，真正决定一个人高贵与否的，不是他的身份和地位，而是在他的胸腔里跳动的是怎样的心。

贫与富，并不仅仅由物质来衡定，而是取决于心，物质之富，有时人力实在不能左右，但至少可以守住心中的一份傲然与清朗。

台湾著名男演员、剧作家、导演金士杰早年带领一群热爱戏剧的演员刚创办兰陵剧团时可谓一穷二白。金士杰有个朋友家境很好。有次金士杰去她家里做客，吃饭时，他吃着吃着就感叹起来："桌上菜这么多，都很好吃。你们平常都这样吃吗？每次吃不完怎么办？"朋友答："还能怎么办呢，该倒就倒掉。"

金士杰顿时两眼放光："那让我来替你们做一个义务的食客怎么样？"朋友拍掌说："很好，欢迎欢迎！"

金士杰却一本正经地说："你先别着急欢迎。我们先把条件说清楚：

"第一，我不定时来，但我来之前会先打电话问清楚你家有没有剩饭、方不方便，有且方便的话，我就来。

"第二，我来只吃剩饭，等你们家人全部吃饱撤了，确定摆的都是剩饭剩菜我才开吃，而且，不可以因为我来就故意加一个菜，那样就算犯规。

"第三，我吃剩菜剩饭的时候旁边不可以站着人，因为他（她）一旦和我打招呼，我就得很客气地回应，这样客套来客套去我就没办法当专业食客了。

"第四，吃完之后我要很干净利落地走，不可以有人跟我说再见，如果非得这样客套的话，我心里就会有负担，那样下次我就不来了。总结一句话：我要完全没有负担地当一名剩菜剩饭的食客。"

朋友听完他的话觉得很逗，当场就答应了所有条件。

二

此后，金士杰果真好几次去朋友家当食客，吃得非常开心。他还幻想着：我要有30个这样的朋友，一个月就能过得蛮富足。

抱着这样的心态过苦日子，金士杰带领剧团一路坚持下来。后来，金士杰编导的《荷珠新配》参加了台湾第一届"实验剧展",首演一炮而红。一时间,兰陵剧团声名大噪,金士杰也一跃成为台湾现代剧场的领军人物之一。

多年之后金士杰将当年自己当"专业食客"的事情说给一堆人听。说完之后他感慨:"我说这些事,除了好玩,除了说明我的脸皮厚以外,还有个很重要的原因。我觉得,我们的这种穷完全不需要自卑,不需要脸红,因为我深深知道我们在做什么——我们把我们的头脑、智慧、创作拿出来献给社会,以至我们没有工夫赚钱。我们是在做很重要的事情,所以,从某种意义上来说,我们这个穷不是穷,而是富,不是缺,而是足。"

三

人,应该平静地面对生活给予的一切,不要让欲望这个没有止境的黑洞来洞穿心灵。因为一旦心灵上有了缺口,那么冷风就会肆无忌惮地在其中来回穿行,让人终生失去温暖,变得孤单而寒冷。

有高贵的心,就算身陷淤泥之中,也能开出不染的莲花。古人说:"托钵僧之心始可贵。"包含着对人性终极意义的深刻领悟。那些说"斯是陋室,惟吾德馨"的人,必是高贵之人,他们虽然贫寒,匮乏,却活得坦然,从容,人穷而德馨。

让你的世界简单一点

一

一天晚上，智通和尚突然大叫："我大悟了！我大悟了！"

他这一叫惊醒了众多僧人，连禅师也被惊动了。众人一起来到智通的房间，禅师问："你悟到什么了？居然这个时候大声吵嚷，说来听听吧！"

众僧以为他悟到了高深的佛旨，没想到他却一本正经地说道："我日思夜想，终于悟出了——尼姑原来是女人做的。"

刚说完，众僧就哄堂大笑，"这是什么大悟呀，我们大家都知道的呀！"

但是禅师却惊异地看着智通，说："是的，你真的悟到了！"

智通和尚立刻说道："师父，现在我不得不告辞了，我要下山云游去。"

众僧又是一惊，心里都认为：这个小和尚实在是太傲慢了，悟到"尼姑是女人做的"这么简单的道理也没什么稀奇的，却敢以此要求下山云游，真是太目中无人了；竟敢对我们师父这么无理，可恶！

辑二　求之不得，便与心求和

　　然而禅师却不这样认为，他觉得智通到了下山云游的时候了，于是也不挽留他，提着斗笠，率领众僧，送他出寺。到了寺门外，智通和尚接过了禅师给他的斗笠，大步离去，再也没有任何留恋。

　　众僧都不解地问禅师："他真的悟到了吗？"

　　禅师感叹道："智通真是前途无量呀！连'尼姑是女人做的'都能参透，还有什么禅道悟不出来的呢？虽然这是众人皆知的道理，但是有谁能从中悟出佛理呢？这句话从智通的嘴里说出来，蕴涵着另一种特殊的意义——世间的事理，一通百通啊。"

　　世界上的事，无论看起来是多么复杂神秘，其实道理都是很简单的，关键在于是否看得透。生活本身是很简单的，快乐也很简单，是人们自己把它想复杂了，所以往往感受不到简单的快乐，他们弄不懂生活的意味。

　　睿智的古人早就指出："世味浓，不求忙而忙自至。"所谓"世味"，就是世俗生活中为许多人所追求的舒适的物质享受、为人钦羡的社会地位、显赫的名声等。今日的某些人追求的"时髦"，也是一种"世味"。

　　可怜的某些人在电影、电视节目以及广告的强大鼓动下，"世味"一"浓"再"浓"，疯狂地紧跟时髦生活，结果"不知不觉地陷入了金融麻烦中"。尽管他们也在努力工作，收入往往也很可观，但收入永远也赶不上层出不穷的消费产品的增多。如果不克制自己的消费，不适当减弱浓烈的"世味"，他们就不会有真正的快乐生活。

三

菲律宾《商报》登过一篇文章。作者感慨她的一位病逝的朋友一生为物所役，终日忙于工作、应酬，竟连孩子念几年级都不知道，留下了最大的遗憾。作者写道，这位朋友为了累积更多的财富，享受更高品质的生活，终于将健康与亲情都赔了进去。那栋尚在交付贷款的上千万元的豪宅，曾经是他最得意的成就之一。然而豪宅的气派尚未感受到，他却已离开了人间。作者问："这样汲汲营营追求身外物的人生，到底快乐何在？"

这位朋友显然也是属"世味浓"的一族，如果他能把"世味"看淡一些，能像歌手陈美玲那样"住在恰到好处的房子里，没有一身沉重的经济负担，周末休息的时候，还可以一家大小外出旅游，赏花品草……"这岂不是惬意的生活？

陈美玲写道："'生活简单，没有负担'，这是一句电视广告词，但用在人的一生当中却再贴切不过了。与其困在财富、地位与成就的迷惘里，还不如过着简单的生活，舒展身心，享受用金钱也买不到的满足来得快乐。"

简单的生活是快乐的源头，它为我们省去了欲求不得满足的烦恼，又为我们开阔了身心解放的快乐空间！

伟大不了，平淡又何妨

生命是一种轮回。人生之旅，去日不远，来日无多，权与势，名与利……统统都是过眼云烟，只有淡泊才是人生的永恒。

苦一点没什么，它会让你更懂得珍惜自己的所有，更懂得享受生活，你也就更能体味到生活的幸福滋味！

清清是一个细致的、朴素的女孩，也是个正读大学二年级的穷学生。一个男生喜欢她，但同时对另一个家境很好的女生也颇有好感。在他眼里，她们都很优秀，也都很爱他，他为选择自己的另一半很犯难。有一次，他到清清家玩，当走到她简陋但干净的房间时，他被窗台上的那瓶花吸引住了——一个用矿泉水瓶剪成的花瓶里插满了田间野花。

他被眼前的情景感动了，就在那一刻，他认定了谁将是他的新娘——自然是摆矿泉水花瓶的女孩清清。促使他下这个决心的理由很简单，因为她虽然穷，却是个懂得如何生活的人，将来，无论他们遇到什么困难，他相信她都不会失去对生活的信心。

二

关琳是某大型国企中的一名微不足道的小员工，每天做着单调乏味的工作，收入也不是很多。但关琳却有一个漂亮的身段，同事们常常感叹说："关琳如果穿起时髦的高档服装，都能把一些大明星比下去！"对于同事的惋惜之词，关琳总是一笑置之。有一天，关琳利用休息时间清理旧东西，一床旧的缎子被面引起了她的兴趣——这么漂亮的被面扔了实在可惜，自己正好会裁剪，何不把它做成一件中式时装呢？！等关琳穿着自己做的旗袍上班时，同事们一个个目瞪口呆，拉着她问是在哪里买的，实在太漂亮了！从此以后，关琳的"中式情结"一发不可收拾：她用小碎花的旧被单做了一件立领带盘扣的风衣，她买了一块红缎子面料稍许加工后，就让她常穿的那条黑长裙大为出彩……

两个身处不同环境的平凡女人有一个共同点：她们都能从平凡的生活中找到属于自己的幸福。清清很穷，但她却懂得尽力使自己的生活精致起来；关琳无法得到与自己的美丽相称的生活，但她没有丝毫抱怨，还尽量利用已有的东西装点自己的美丽，所以最快乐的人并不是一切东西都是美好的，她们只是懂得从平淡的生活中获取乐趣而已。

三

其实，世界上的大多数人都并不伟大，但平凡的人生同样可以光彩夺目。因为任何生命——平凡的生命和伟大的生命，都是从零开始的。

　　追求平凡，并不是要你不思进取，无所作为，而是要你于平淡、自然之中，过一个实实在在的人生。平凡乃人生的一种境界。肤浅的人生，往往哗众取宠，华而不实，故弄玄虚，故作深沉；而平凡的人生，往往于平淡中显本色，于无声处显精神。平凡从某种程度上来说，表现为心态上的平静和生活中的平淡。平淡的人生犹如山中的小溪，自然、安逸、恬静。平凡的人生也无须雕琢，刻意雕琢就会失去自然、失去本性。

　　身处红尘之中，日出而作，日落而息，宠辱不惊，自在逍遥，持平凡心，做平凡人，自有享受平凡的妙处。

　　做平凡人是一种享受：享受平凡，勤耕苦作有收获，不求名利少烦恼；享受平凡，看海阔天空飞鸟自在翱翔；享受平凡，看山清水秀，无限风光在眼前。享受平凡，不是消极，不是沉沦，不是无可奈何，不是自欺欺人。享受平凡是于平凡中体会生活的幸福和可贵，幸福不是腰缠万贯、豪华奢侈，幸福不是位高权重、呼风唤雨，幸福是对平凡生活的一种感悟，只要你经历了平凡，享受了平凡，就会发现：平凡才是人生的真境界！